Photoshop
图形图像处理实例教程

骆焦煌 连和谬 主编　邱宏 王博 副主编

U0227792

清华大学出版社
北　京

内 容 简 介

本书全面系统地介绍了 Photoshop CC 的基本操作方法和图形图像处理技术,内容主要包括图形图像处理基础知识、Photoshop CC 工作环境的认识、创建和编辑选区、图像的绘制、图像的修饰、图像的编辑、图形及路径的绘制、图像色彩的调整、图层的编辑应用、文字与蒙版的应用、通道与滤镜的应用等。

本书内容丰富,图文并茂,实例易学,步骤详细,理论与实践相结合,体现"理论够用,重在实践,理论与实践同步"的教学理念。本书还配有书中所需的素材和效果图以及教学大纲、教案、PPT 课件等资源。

本书可作为高等院校各相关专业图形图像处理课程的教材,也可作为相关行业及图形图像处理爱好者的参考用书。

图书在版编目(CIP)数据

Photoshop 图形图像处理实例教程/骆焦煌,连和谬主编. —北京:清华大学出版社,2021.2(2021.10 重印)
ISBN 978-7-302-56782-0

Ⅰ.①P… Ⅱ.①骆… ②连… Ⅲ.①图像处理软件—高等学校—教材 Ⅳ.①TP391.413

中国版本图书馆 CIP 数据核字(2020)第 217686 号

责任编辑:颜廷芳
封面设计:何凤霞
责任校对:刘 静
责任印制:沈 露

出版发行:清华大学出版社
　　网　　址:http://www.tup.com.cn,http://www.wqbook.com
　　地　　址:北京清华大学学研大厦 A 座　　　　邮　编:100084
　　社 总 机:010-62770175　　　　　　　　　　邮　购:010-62786544
　　投稿与读者服务:010-62776969,c-service@tup.tsinghua.edu.cn
　　质量反馈:010-62772015,zhiliang@tup.tsinghua.edu.cn
　　课件下载:http://www.tup.com.cn,010-83470410
印 装 者:北京嘉实印刷有限公司
经　销:全国新华书店
开　本:185mm×260mm　　印　张:18　　　　字　数:436 千字
版　次:2021 年 2 月第 1 版　　　　　　　　印　次:2021 年 10 月第 2 次印刷
定　价:52.00 元

产品编号:087211-01

前　言

　　高等院校专业教学应把培养学生动手能力、实践能力和可持续发展能力放在突出的地位，促进对学生技能的培养。由此教材的内容要紧密结合实际的应用，并注意及时跟踪先进技术的发展。据此编者结合目前教学改革的要求，理论结合实践，以体现"理论够用，重在实践，理论与实践同步"的教学理念。

　　Photoshop 是 Adobe 公司推出的图像设计及处理软件，它以强大的功能深受用户的青睐。它集图像设计、创作、扫描、编辑、合成、网页制作以及高品质的输出功能于一体，是从事平面设计人员的首选工具。Adobe 公司已推出了多个 Photoshop 版本，本书中的项目任务主要以 Photoshop CC 版进行讲解。

　　本书共分十章，具体内容安排如下。

　　第 1 章：Photoshop CC 基础知识。主要介绍了 Photoshop CC 的新功能、工作环境、文件的建立与打开及存储、Photoshop CC 的操作界面、自定义工作环境、图像的输入和输出以及辅助工具的使用，并实现汽车广告设计的任务。

　　第 2 章：创建和编辑选区。主要介绍了选区创建工具的应用、选区创建的方法以及选区的编辑和修改，并实现创建书签和趣味图像合成的任务。

　　第 3 章：描绘和修饰图像。主要介绍了图像的描绘、图像的填充、图像的擦除、图像的修饰，并实现制作光盘正面和光盘背面的任务。

　　第 4 章：调整图像的颜色。主要介绍了图像色彩模式、应用色彩和色调命令以及特殊色调，并实现卡通画上色和纠正图像色调的任务。

　　第 5 章：图层及其应用。主要介绍了"图层"面板、图层的基本操作、图层特殊样式和图层的混合模式，并实现绘制祝福卡片和房地产广告设计的任务。

　　第 6 章：通道与蒙版的应用。主要介绍了通道的基本概念、通道的操作、蒙版的应用，并实现制作撕纸效果和添加图像旋转边框的任务。

　　第 7 章：路径与形状的应用。主要介绍了路径的概念、创建和编辑路径，并实现绘制雨伞效果和绘制相册框的任务。

　　第 8 章：文字的设计。主要介绍了文字的创建和编辑，并实现制作显示器广告和制作网页 banner 的任务。

　　第 9 章：滤镜的应用。主要介绍了滤镜应用基础、像素化滤镜组、扭曲滤镜组、杂色滤镜组、模糊滤镜组、渲染滤镜组、画笔描边滤镜组等的应用，并实现图像添加浪漫雪花和制作冰冻企鹅效果的任务。

　　第 10 章：打印输出。主要介绍图像输出的页面设置，并实现打印手机广告图像的任务。

　　Photoshop CC 既是一个图像处理软件，也是一种工具。它看似简单，但并非很容易掌握。一些术语,如通道、图层、路径、蒙版,就不容易理解。为此本书通过易学易做的任务操作来帮助读者理解。读者只需一步一步地按照本书的介绍去做即可事半功倍。

本书由骆焦煌、连和谬任主编,邱宏、王博任副主编。骆焦煌编写第 1～5 章,连和谬编写第 6、7 章,王博、邱宏编写第 8 章,邱宏编写第 9、10 章,全书由骆焦煌统稿。

本书内容通俗易懂,图文并茂,任务易学易用,便于教与学。每章都配有相应的任务,读者可以通过做题进一步巩固所学内容,检查自己的学习情况。为方便教学,本书配有书中所有的素材和效果图以及教学大纲、教案、PPT 课件。

由于编者水平有限,书中难免存在疏漏和不足,恳请读者批评、指正。

编　者

2020 年 8 月

目　录

第 1 章

Photoshop CC 基础知识

Photoshop CC 是 Adobe 公司推出的图像处理软件,是每一个从事平面设计、网页设计、影像合成、多媒体动画制作等工作的专业人士必不可少的工具。随着数码相机的普及,越来越多的摄影爱好者开始使用 Photoshop 来修饰和处理照片,从而极大地扩展了 Photoshop 的应用领域和范围,使 Photoshop 成为一款大众性的软件。

学习要点
1. 图像处理的基础知识
2. Photoshop CC 的操作界面
3. Photoshop CC 的首选项
4. Photoshop CC 的预设功能
5. 图像文件的基本操作
6. 辅助工具的使用

学习任务
汽车广告设计

1.1 图像处理的基础知识

在学习 Photoshop CC 之前需要先了解一些图像概念。本节将介绍在 Photoshop CC 中处理图像时的一些基本概念。

1.1.1 图像类型

在计算机中处理的图像从描述原理上大致可分为两种:矢量图和位图。其中矢量图适合于技术插图,但聚焦和灯光的质量很难在一幅矢量图中获得;而位图则能给人一种照片似的清晰感觉,其灯光、透明度和深度的质量等都能很逼真地表现出来。

1. 矢量图

矢量图也称为向量图,是用一系列计算机指令来描述和记录的图像,它所记录的是对象的几何形状、线条粗细和色彩等,生成的文件很小。其特点是无论放大多少倍,它的边缘都是平滑的,不会因为显示比例的改变而降低图像的品质,因此特别适用于 Flash 动画设计、图案设计、版式设计、标志设计、插图以及计算机辅助设计(CAD)等。

矢量图只能表示有规律的线条组成的图像,如工程图、艺术字等,对于由无规律的像素点组成的图像,很难用数学形式表达,因此很少使用矢量图格式。并且矢量图不容易表示色彩丰富的图像,绘制的图像不真实,在不同的软件之间交换数据也不方便。

常见的矢量图处理软件有 AutoCAD、CorelDRAW、Illustrator 等。

2. 位图

位图也称为点阵图或像素图,是由计算机屏幕上的发光点(即像素)构成的,每个点用二进制数据来描述其颜色与亮度等信息,这些点是离散的,类似于矩阵。多个像素的色彩组合就形成了图像,即被称为位图。

位图在放大时会失真,放大到一定程度时会发现它是由一个个小方格组成的,这些小方格被称为像素。像素是组成图像的最小元素,因此在处理位图时,用户所编辑的是像素而不是对象或形状。在一幅位图中,每单位面积中所含的像素越多,图像就越清晰,颜色之间的混合也就越平滑。实际上计算机存储位图是存储图像的各个像素的位置和颜色数据等信息,所以图像越清晰,像素越多,存储时所占的内存也就越大。因此,位图的大小和质量取决于图像中像素的多少。

位图可以通过扫描、数码相机或 PhotoCD 获得,也可以通过 Photoshop 和 Corel PHOTO-PAINT 等软件生成。图 1-1 和图 1-2 所示为矢量图和其位图放大后的对比效果。

图 1-1　矢量图

图 1-2　位图

1.1.2　分辨率

分辨率是指单位长度内像素的多少,单位长度内像素越多,图像就越清晰。另外,分辨率既可以指图像文件包括的细节和信息量,也可以指输入、输出或者显示设备能够产生的清晰度等级,它是一个综合性的术语。在处理位图时,分辨率同时影响最终输出文件的质量和大小。

1. 图像分辨率

在 Photoshop CC 中,图像中每单位长度上的像素数目称为图像的分辨率,其单位为像素/英寸或像素/厘米。

在相同尺寸的两幅图像中,高分辨率的图像包含的像素比低分辨率的图像包含的像素多。例如,一幅尺寸为 1 英寸×1 英寸的图像,其分辨率为 72 像素/英寸,包含 5184 像素(72×72＝5184)。同样的尺寸,分辨率为 300 像素/英寸的图像,包含 90000 像素。相同尺寸下,分辨率为 72 像素/英寸的图像效果如图 1-3 所示;分辨率为 10 像素/英寸的图像效果如图 1-4 所示。由此可见,同样的尺寸时高分辨率的图像更能清晰地表现图像内容。

注意:图像文件的大小与图像尺寸和分辨率三者之间有着紧密的联系,当分辨率不变时,改变图像尺寸,其文件的大小也将改变,尺寸较大时保存的文件也较大;当图像尺寸不变时,分辨率改变,文件大小也会相应地改变,分辨率越大,则图像文件也越大。

图 1-3　72 像素图像　　　　　　　　　图 1-4　10 像素图像

2. 屏幕分辨率

屏幕分辨率是显示器上每单位长度显示的像素数目。屏幕分辨率取决于显示器大小及其像素设置。PC 显示器的分辨率一般为 96 像素/英寸,Mac 显示器的分辨率一般约为 72 像素/英寸。在 Photoshop CC 中,图像像素被直接转换成显示器像素,当图像分辨率高于显示器分辨率时,屏幕中显示的图像尺寸就比实际尺寸大。

3. 输出分辨率

输出分辨率是打印机等输出设备产生的每英寸的油墨点数(dpi)。打印机的分辨率在 720dpi 以上,可以使图像获得比较好的打印效果。

1.2　Photoshop CC 的操作界面

根据 Photoshop CC 安装软件的说明安装好 Photoshop CC 后,即可运行该程序。选择"开始"→"所有程序"→Adobe Photoshop CC 命令,或双击桌面上的快捷方式图标 Ps ,都可以进入 Photoshop CC 的操作界面,如图 1-5 所示。此时,用户可以看到其操作界面和 Photoshop 以前的版本有所不同,包括菜单栏、属性栏、工具箱、文档窗口、状态栏,以及各类浮动面板等,以下将具体介绍。

图 1-5　Photoshop CC 操作界面

1.2.1　菜单栏

　　菜单栏位于窗口的最顶部，如图 1-6 所示，单击菜单栏左侧的图标 **Ps** ，即可弹出 Photoshop CC 的窗口控制菜单，如图 1-7 所示。在菜单栏的右侧有 3 个按钮 ▬ ◻ ✕ ，从左到右分别为最小化按钮、最大化按钮、关闭按钮，这与 Windows 的窗口一致，而且各按钮的作用也相同。在 Photoshop CC 中，菜单栏中共有 11 个主菜单，单击每个菜单选项都会弹出其对应的下拉菜单，在其中包含 Photoshop CC 的大部分命令选项，通过这些菜单几乎可以实现 Photoshop CC 的全部功能。在弹出的下拉菜单中，有些命令后面带有符号 ▶ ，表示选择该命令后会弹出相应的子菜单命令，供用户做更详细的选择；还有些命令后面带有符号 ⋯ ，表示选择该命令后会弹出一个与此命令相关的对话框，在此对话框中可设置各种所需的选项参数；另外，还有一些命令显示为灰色，表示该命令正处于不可选的状态，只有在满足一些条件之后才能使用。

图 1-6　菜单栏

图 1-7　窗口控制菜单

1.2.2　属性栏

　　在属性栏中，用户可以根据需要设置工具箱中各种工具的属性，使工具在使用中变得更加灵活，有利于提高工作效率。属性栏中的内容在选择不同的工具或进行不同的操作时会发生变化。图 1-8 所示为"移动工具"属性栏。

图 1-8　"移动工具"属性栏

1.2.3　工具箱

　　工具箱位于窗口的最左侧，它提供了 70 多种工具。利用这些工具，用户可以选择、绘画、编辑和查看图像，还可以选取前景色和背景色、创建快速蒙版以及更改画面显示模式。大多数的工具都有相关的画笔和选项面板，可使用户限定该工具的绘画和编辑效果。图 1-9 所示为 Photoshop CC 工具箱。

　　工具箱中有些工具右下角有小三角标志，表示该工具还包含有同类型的工具，只需在该工具按钮处单击并按住鼠标左键不放或右击，就会出现隐藏的工具，如图 1-10 所示。

图 1-9　Photoshop CC 工具箱

图 1-10　选择隐藏的工具

1.2.4　状态栏

Photoshop CC 中的状态栏和以前版本有所不同，它位于打开图像文件窗口的最底部，用来显示当前操作的状态信息，例如图像的文件大小、文档尺寸等。单击状态栏中的"向右箭头按钮▶"，弹出快捷菜单命令，在弹出的菜单中可以设置 Adobe Drive、文档大小、文档配置文件、文档尺寸、测量比例等子命令，如图 1-11 所示。

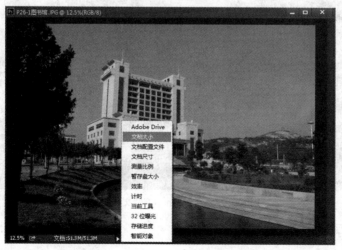

图 1-11　状态栏

状态栏中的各参数介绍如下。

- Adobe Drive：显示当前文档的 Version Cue 工具组状态。
- 文档大小：显示当前文档中图像的数据量信息，如图 1-12 所示。左侧的数值表示合并图层并保存文件后的大小；右侧的数值表示不合并图层与不删除通道的近似大小。

文档:644.5K/644.5K

图 1-12　文档大小

- 文档配置文件：显示当前图像所使用的颜色模式。
- 文档尺寸：显示当前文档的尺寸。
- 测量比例：显示当前文档的像素比例，比如 1 像素＝1.0000 像素。
- 暂存盘大小：显示图像处理的内存与 Photoshop 暂存盘的内存信息。
- 效率：显示操作当前文档所花费时间占总时间的百分比。
- 计时：显示完成上一步操作所花费的时间。
- 当前工具：显示当前选择的工具名称。
- 32 位曝光：这是 Photoshop 提供的预览调整功能，以使显示器显示的 HDR 图像的高光和阴影不会太暗或出现褪色现象。该选项只有在文档窗口中显示 HDR 图像时才可用。
- 存储进度：在保存文件时，显示保存的进度。
- 智能对象：保留图像原内容和原始特性，从而执行非破坏性编辑。

1.2.5　文档窗口

文档窗口也称为工作区，用来显示图像文件，便于用户进行编辑、浏览和描绘图像等操作。在标题栏中有文件名称、文件格式、显示比例和色彩模式等信息。当打开多个图像时，文档窗口将以选项卡的形式进行显示。文档窗口一般显示正在处理的图像文件，如果准备切换文档窗口，可以选择相应的标题名称，按下 Ctrl＋Tab 组合键可以按照顺序切换窗口，按下 Ctrl＋Shift＋Tab 组合键可以按照相反的顺序切换窗口，如图 1-13 所示。

图 1-13　Photoshop CC 文档窗口

1.2.6　各类浮动面板

浮动面板位于窗口的最右边，在默认的状态下，它都是以面板组的形式放置在界面上的,若要选择同一组中的其他面板,则单击相应的面板标签即可,如图 1-14 所示。

图 1-14　各类浮动面板

在编辑或进行平面设计的过程中,若觉得窗口中的面板位置不合适,可对其进行拖动。方法很简单,只要按住鼠标左键并拖动面板标题栏即可。另外,在工作窗口中,可通过按 Tab 键来隐藏或显示工具箱和浮动面板。这样既可以节省空间,又便于用户在需要的时候进行随意的操作。

1.3　Photoshop CC 的首选项

通过使用 Photoshop CC 的首选项,用户可根据个人计算机的反应速度对 Photoshop CC 进行选择性的系统化。下面介绍优化 Photoshop CC 的首选项的操作方法。

1.3.1　优化工具选项

使用 Photoshop CC 的首选项可以对 Photoshop CC 的工具选项进行优化,下面介绍优化工具选项的操作方法。

（1）打开 Photoshop CC 后选择“编辑”主菜单;在弹出的下拉菜单中选择“首选项”命令;在弹出的下拉菜单中选择“常规”命令,如图 1-15 所示。

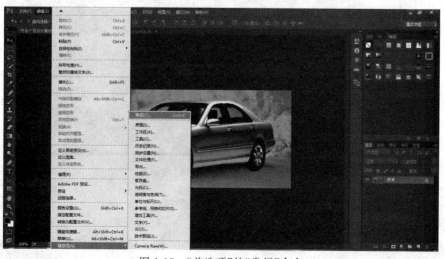

图 1-15　“首选项”的“常规”命令

（2）在弹出的"首选项"对话框中，在左侧选择"工具"选项，在"选项"区域中选中"启用轻击平移"复选框，单击"确定"按钮。通过以上操作即可优化工具选项，如图 1-16 所示。

图 1-16　"首选项-工具"对话框

1.3.2　优化工作区选项

使用 Photoshop CC 的首选项，用户可以对 Photoshop CC 的工作区选项进行优化，下面介绍优化工作区选项的操作方法。

打开"首选项"对话框，在左侧选择"工作区"选项，在"选项"区域中选中"自动显示隐藏面板"复选框，单击"确定"按钮，通过以上操作即可优化工作区选项，如图 1-17 所示。

图 1-17　"首选项-工作区"对话框

1.3.3　优化文件处理选项

使用 Photoshop CC 的首选项，用户可以对 Photoshop CC 的文件处理选项进行优化，下面介绍优化文件处理选项的操作方法。

　　打开"首选项"对话框,在左侧选择"文件处理"选项;在"文件存储选项"区域中选择"文件扩展名"下拉列表框中的"使用小写"选项;在"文件兼容性"区域中选中"存储分层的 TIFF 文件之前进行询问"复选框;单击"确定"按钮,通过以上操作即可优化文件处理选项,如图 1-18 所示。

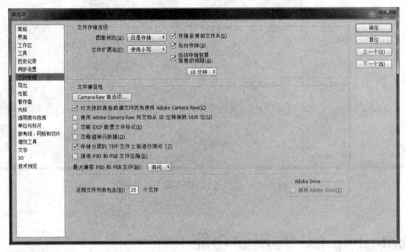

图 1-18　"首选项-文件处理"对话框

1.3.4　优化性能选项

　　使用 Photoshop CC 的首选项,用户可以对 Photoshop CC 的性能选项进行优化,下面介绍优化性能选项的操作方法。

　　打开"首选项"对话框,在左侧选择"性能"选项,在"内存使用情况"区域中,在"让 Photoshop CC 使用"文本框中输入内存使用的数值,如 933,如图 1-19 所示,单击"确定"按钮;在首选项左侧选择"暂存盘"选项,在"暂存盘"区域中选中"D:\"复选框;单击"确定"按钮,如图 1-20 所示。通过以上操作即可优化性能选项。

图 1-19　"首选项-性能"对话框

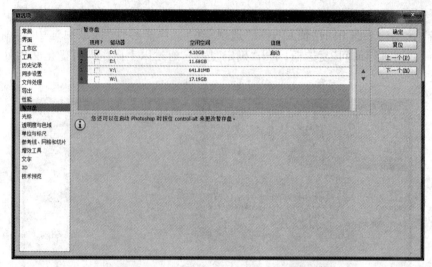

图 1-20　"首选项-暂存盘"对话框

1.4　Photoshop CC 的预设功能

在 Photoshop CC 中，用户可以通过预设功能添加常用的工具，同时也可以将不常用的功能进行删减。下面介绍 Photoshop CC 预设功能方面的知识。

1.4.1　工具预设面板

使用 Photoshop CC 预设功能之前，用户需要将"工具预设"面板调到工作区中，下面介绍调出"工具预设"面板的操作方法。

（1）打开 Photoshop CC 后，选择"窗口"主菜单；在弹出的下拉菜单中选择"工具预设"命令，如图 1-21 所示。

（2）在弹出的"工具预设"面板中，用户可以查看已经预设的工具，如图 1-22 所示。

1.4.2　运用预设管理器

打开"工具预设"面板后，用户可以使用预设管理器，对 Photoshop CC 的工具进行管理，下面介绍运用预设管理器的操作方法。

（1）打开"工具预设"面板后，单击"工具预设"下拉列表框按钮；在弹出的下拉菜单中选择"预设管理器"命令，如图 1-23 所示。

（2）在弹出的"预设管理器"对话框中选择"调色刀"工具，如图 1-24 所示；单击"删除"按钮，将"调色刀"从预设管理器中

图 1-21　"工具预设"命令

删除,如图 1-25 所示。

　　(3) 单击"完成"按钮,通过以上方法即可运用预设管理器对工具预设进行管理。

图 1-22　"工具预设"面板

图 1-23　"预设管理器"命令

图 1-24　选择"调色刀"工具

图 1-25　删除"调色刀"工具后的窗口

1.5　图像文件的基本操作

在使用 Photoshop CC 时,经常要对图像进行一些基础的操作。本节将介绍 Photoshop CC 的一些常见操作方法,如图像文件的新建、打开、保存和关闭等。

1.5.1　新建文档

在 Photoshop CC 中新建文件时的操作步骤如下。

(1) 选择"文件"→"新建"命令,或按 Ctrl+N 组合键,都可打开"新建"对话框,如图 1-26 所示。

图 1-26　"新建"对话框

（2）在该对话框中，用户可根据需要在其中设置新建文件的名称、尺寸大小、分辨率和颜色模式等。

（3）设置完成后，单击"确定"按钮，即可新建图像文件。

1.5.2 打开文件

打开图像文件的方法很简单，选择"文件"→"打开"命令，或按 Ctrl＋O 组合键，都可打开"打开"对话框，如图 1-27 所示。

图 1-27 "打开"对话框

在该对话框中，找到需要打开的图像文件并选择，或直接在"文件名"后面的文本框中输入要打开的文件的名称，然后单击"打开"按钮即可。若想要按指定的格式打开文件，则在"文件类型"选项的下拉列表中选择需要的文件格式即可。

技巧：在需要打开的图像文件上双击也可将图像文件打开。

1.5.3 关闭文件

关闭图像文件的方法很简单，选择"文件"→"关闭"命令，或按 Ctrl＋W 组合键，都可关闭图像文件，也可以直接单击图像窗口右上角的"关闭"按钮 ✕ 来关闭图像。如果文件已被编辑过，但是还没有保存，会弹出一个提示框，如图 1-28 所示，询问用户是否保存编辑的内容，用户可以根据需要进行选择。

图 1-28 提示框

1.5.4　保存文件

对图像文件编辑和修改完成之后，需要将它保存起来，用户可用以下 3 种方法来存储文件。

1. 存储

选择"文件"→"存储"命令，或按 Ctrl＋S 组合键，都可将编辑过的文件以路径、原名称、原文件格式保存到磁盘中，并且会覆盖原始的文件。用户在使用该命令时应该小心，否则可能会丢失文件。如果是第一次保存文件，则相当于执行"另存为"命令，会弹出"另存为"对话框，下面将具体介绍。

2. 另存为

选择"文件"→"另存为"命令，或按 Shift＋Ctrl＋S 组合键，都可打开"另存为"对话框，如图 1-29 所示。

图 1-29　"另存为"对话框

在该对话框中，可将修改过的文件重新命名、改变存储路径或改变文件格式后再进行保存，这样就不会覆盖原来的文件。

3. 存储为网页格式

选择"文件"→"导出"→"存储为 Web 和设备所用格式"命令，或按 Ctrl＋Alt＋Shift＋S 组合键，都可打开"存储为 Web 所用格式"对话框，如图 1-30 所示。在该对话框中可通过对各选项的设置,优化网页图像,将图像保存为适合于网页的格式。

图 1-30 "存储为 Web 所用格式"对话框

1.5.5　调整文档尺寸

在操作过程中,如果图像尺寸不符合自己的要求,可通过下面的方法来调整图像的大小。

1. 利用"图像大小"命令调整

选择"图像"→"图像大小"命令,弹出"图像大小"对话框,如图 1-31 所示。在该对话框中可对图像的大小进行调整。

图 1-31 "图像大小"对话框

在该对话框中,可以选择"不约束比"按钮██来设置图像的宽度和高度,它决定了图像显示的尺寸;若选中"不约束比"按钮██,在改变图像的宽度和高度时,将自动按比例进行调整,以使图像的宽度和高度比例保持不变;选中"重新采样"复选框,在改变打印分辨率时,将自动改变图像的像素数,而不改变图像的打印尺寸。同时,用户还可以通过单击该复选框右侧的"自动"按钮 ██自动　　　　　　　████████ ,在弹出的下拉列表中选择插值的方法。

设置完成后,单击"确定"按钮,即可更改图像文件的大小。

2. 利用"画布大小"命令调整

打开一个图像文件后,如果需要在不改变图像分辨率的情况下对图像的画布进行调整,可选择"图像"→"画布大小"命令,弹出"画布大小"对话框,如图 1-32 所示。在"新建大小"选项区中可设置新调整画布的宽度与高度值,若输入尺寸小于原来尺寸,就会在图像四周裁减图像,反之,则会增加空白区域;在"定位"选项中可设置进行操作的中心点,默认的方式是以图像中心为裁剪或增加空白区的中心点。

例如,打开一个图像文件后,在"画布大小"对话框中设置如图 1-32 所示的参数。设置完成后,单击"确定"按钮,图像效果如图 1-33 所示。

图 1-32　"画布大小"对话框

图 1-33　改变画布大小的效果

3. 裁剪工具

单击工具箱中的"裁剪工具"按钮██,也可调整图像大小。方法很简单,在需要裁切的图像中移动鼠标指针,创建带有节点的裁切框,如图 1-34 所示。

图 1-34　创建图像裁切框

当鼠标指针移至节点时，鼠标指针将变成双向箭头形状 时，此时可对裁切框进行大小调整；当鼠标指针变成 形状时，可对裁切框进行旋转；当鼠标指针移至裁切框内时，将变成三角形状 ，可按住鼠标左键移动裁切框。设置完成后，在裁切框内双击即可确认对图像的裁切。

创建裁切框之后，可在裁切工具属性栏中选中"拉直"按钮 来拉直该图像。选中该按钮后，可以通过在图像上绘制一条线来确定裁剪区与裁切框的旋转角度，如图 1-35 所示。还可在裁切工具属性栏中选中"视图"按钮中的裁剪参考线样式和叠加方式，如图 1-36 所示。

图 1-35　图像上绘制一条线

✓ ▦ 三等分	
▦ 网格	
⊠ 对角	
◸ 三角形	
▦ 黄金比例	
◎ 金色螺线	
自动显示叠加	
✓ 总是显示叠加	
从不显示叠加	
循环切换叠加	O
循环切换取向	Shift+O

图 1-36　裁剪参考线及叠加方式

裁剪参考线包含"三等分""网络""对角""三角形""黄金比例"和"金色螺线"6 种，如图 1-37 所示。

图 1-37　各种裁剪参考线应用效果

设置其他裁剪选项 ◙：单击图 1-31 中的该按钮可以打开设置其他裁剪选项的设置面板，如图 1-38 所示。

图 1-38　设置其他裁剪菜单

- 使用经典模式：勾选该选项后，裁剪方式将自动切换为以前版本的裁剪方式。
- 显示裁剪区域：勾选该选项后，在裁剪图像的过程中，会显示被裁剪的区域。
- 自动居中预览：勾选该选项后，在裁剪图像时，裁剪预览效果会始终显示在画布的中央。
- 启用裁剪屏蔽：勾选该选项后，可以在裁剪图像的过程中查看被裁剪的区域。
- 颜色：包含"匹配画布"和"自定"两个选项。当选择"匹配画布"选项时，被裁剪的区域将以半透明图像的方式显示；当选择"自定"选项时，可以通过单击"颜色"选项后面的颜色图标来设置屏蔽颜色。
- 不透明度：设置在裁剪过程中或完成后被裁剪区域的显示不透明度。
- 自动调整不透明度：勾选该选项后，可以根据图像的色调，自动调整裁剪区域的不透明度，以便用户观察裁剪效果。

4. 透视裁剪工具

"透视裁剪工具" ▦ 是一个全新的工具，它将图像中的某个区域裁剪下来作为纹理或仅校正某个偏斜的区域，单击透视按钮 ▦，其属性栏如图 1-39 所示。该工具的最大优点在于可以通过绘制出正确的透视形状告诉 Photoshop 哪里是要被校正的图像区域。

▦ ▾ W: ⇄ H: 分辨率： 像素/英寸 ▾ 前面的图像 清除 ☑ 显示网格

图 1-39　"透视裁剪工具"属性栏

在 W/H/分辨率文本框中可以输入裁剪图像的"宽度（W）""高度（H）"和"分辨率"的数值，来确定裁剪后的尺寸。

单击"高度和宽度互换"按钮 ⇄ ，可以互换高度值和宽度值。

单击设置裁剪图像的分辨率的下拉按钮 像素/英寸 ⇳ ，可设置分辨率的单位。

单击"前面的图像"按钮 前面的图像 ，可以在"宽度""高度"和"分辨率"输入框中显示当前图像的尺寸和分辨率。如果打开了两个文件，会显示另一个图像的尺寸和分辨率。

单击"清除"按钮 清除 ，可以清除上次操作设置的宽度、高度和分辨率的数值。

选中"显示网格"复选框 ✓ 显示网格 ，可以显示裁剪区域的网格。

5. 切片工具

切片工具常用于网页效果图设计中，是网页设计时必不可少的工具。单击"切片工具"按钮 ✐ ▾，其属性栏如图 1-40 所示。

图 1-40　"切片工具"属性栏

单击"样式"下三角按钮 样式: 正常 ⇳ ，可以选择"正常""固定长宽比"和"固定大小"，当选择"正常"选项时，可以在图像中任意切片大小，其"宽度"和"高度"文本框 宽度: 高度: 为不可输入状态；当选择"固定长宽比"和"固定大小"选项时，可以根据"宽度"和"高度"文本框 宽度: 10 高度: 115 的值来设置切片大小。其使用方法是选择切片工具，在图像中需要切片的位置拖动鼠标绘制即可创建切片。与裁剪工具不同的是，裁剪工具创建区域后，区域内为保留图像，区域外为删除图像；而切片工具创建区域后，区域内和区域外都将被保留，区域内为用户切片，区域外为其他切片。

1.5.6　常用的文件格式

Photoshop CC 提供的图像文件格式有很多，下面将介绍几种 Photoshop 中常用的文件格式。

1. PSD 格式

PSD 格式是 Photoshop 的专用格式，可包括层、通道和颜色模式等信息，而且该格式是唯一支持全部色彩模式的图像格式。PSD 格式可以将编辑过的图像文件中的所有有关图层和通道的信息保存下来，且保存时无须压缩。因此，当图层较多时，PSD 格式的文件会占用很大的硬盘空间，保存速度也很慢。

2. TIFF 格式

TIFF 格式是一种应用很广泛的位图图像格式，包含非压缩方式和 LZW 压缩方式两种，几乎被所有绘画、图像编辑和页面排版应用程序所支持。它常常用于在应用程序和计算机平台之间交换文件，还支持带 Alpha 通道的 CMYK 格式文件、RGB 格式文件和灰度文件。

3. JPEG 格式

JPEG 格式是一种平时最常用的图像格式，它是最有效、最基本的有损压缩格式，被绝大多数图形处理软件所支持。

4. BMP 格式

BMP 格式是 DOS 和 Windows 兼容计算机系统的标准 Windows 图像格式。BMP 格式支持 RGB、索引色、灰度和位图色彩模式,但不支持 Alpha 通道。彩色图像存储为 BMP格式时,每一像素所占的位数可以是 1 位、4 位、8 位和 32 位,相对应的颜色数也从黑色一直到真彩色。对于使用 Windows 格式的 4 位和 8 位图像,可以指定采用 RLE 压缩。这种格式在 PC 上应用非常普遍。

5. PNG 格式

PNG 格式是专门为 Web 开发的,它是一种将图像压缩到 Web 上的文件格式。PNG 格式与 GIF 格式不同的是,PNG 格式支持 24 位图像产生无锯齿状的透明背景。

6. GIF 格式

GIF 格式是输出图像到网页最常用的格式。GIF 格式采用 LZW 压缩,支持透明背景和动画,被广泛应用在网络中。

7. PDF 格式

PDF 格式是由 Adobe Systems 创建的一种文件格式,允许在屏幕上查看电子文档。PDF 文件还可以被嵌入 Web 的 HTML 文档中。

1.6　辅助工具的使用

Photoshop 中常用的辅助工具有标尺、参考线、网格以及度量工具等,这些工具可以帮助用户准确定位图像中的位置或角度,使图像编辑更加精确、方便。

1.6.1　标尺

选择"视图"→"标尺"命令,或者按 Ctrl＋R 组合键,都可在当前的图像文件上显示标尺,如图 1-41 所示,再次执行此命令时则可以隐藏标尺。在默认设置下,标尺的原点位于图像的左上角,当鼠标指针在图像内移动时,用户可以清楚地看到鼠标指针所在位置的坐标值。在窗口中的标尺上右击,可在弹出的快捷菜单(见图 1-42)中设置需要的标尺单位。

图 1-41　显示标尺图　　　　　　　　　　图 1-42　快捷菜单

1.6.2　参考线

参考线可以帮助用户精确定位图像的位置。在图像文件中显示标尺以后,用鼠标指针从水平的标尺上可拖曳出水平参考线,从垂直标尺上可拖曳出垂直参考线,如图 1-43 所示。

图 1-43　添加参考线

若要移动某条参考线,可单击工具箱中的"移动工具"按钮⬛,将鼠标指针移动到相应的参考线上,当鼠标指针变为⬌形状时,拖曳鼠标即可,如图 1-44 所示,也可将其拖动到图像窗口外直接删除。

图 1-44　移动参考线位置

另外,用户还可以使用"新建参考线"命令来添加参考线,选择"视图"→"新建参考线"命令,弹出"新建参考线"对话框,如图 1-45 所示,在其中设置位置和取向以后,单击"确定"按钮,即可为图像添加一条参考线。

在此处可以设置参考线的取向,包括"水平"和"垂直"两个选项

在该文本框中输入数值,可以设置参考线所在的位置

图 1-45　"新建参考线"对话框

提示：在图像中添加参考线后，按 Ctrl＋H 组合键可显示或隐藏所添加的参考线。

1.6.3　网格

利用网格可以精确地对齐每一个图像，选择"视图"→"显示"→"网格"命令，或者按 Ctrl＋'组合键，都可在当前的图像文件上显示网格，如图 1-46 所示，再次执行此命令就可以隐藏网格。

图 1-46　显示网格

选择"视图"→"对齐到"→"网格"命令，可以使移动的图形对象自动对齐网格或者在创建选区时自动沿网格位置进行定位选取。

1.6.4　标尺工具

利用标尺工具可以快速测量图像中任意区域两点间的距离，该工具一般配合"信息"面板或其属性栏来使用。单击工具箱中的"标尺工具"按钮，其属性栏如图 1-47 所示。

图 1-47　"标尺工具"属性栏

使用标尺工具在图像中需要测量的起点处单击，然后将鼠标指针移动到另一点处再单击形成一条直线，测量结果就会显示在"信息"面板中，如图 1-48 所示。

起点
终点

图 1-48　测量两点间的距离

1.7　任务实现　汽车广告设计

利用所学的知识完成汽车广告的制作，操作步骤如下。

（1）选择"文件"→"新建"命令，弹出"新建"对话框，设置参数如图 1-49 所示。单击"确定"按钮,新建一个图像文件。

图 1-49　"新建"对话框

（2）单击工具箱中的"矩形选框工具"按钮 ▢，其属性栏设置如图 1-50 所示。

图 1-50　"矩形选框工具"属性栏

（3）新建"图层 1"，将其作为当前工作层，然后在图像文件中绘制出选区，如图 1-51 所示。

（4）将前景色设置为黑色，按 Alt＋Delete 组合键进行填充，按 Ctrl＋D 组合键取消选区，效果如图 1-52 所示。

图 1-51　绘制的矩形选区

图 1-52　填充后的效果

（5）按 Ctrl＋O 组合键，打开一个汽车图像文件。单击工具箱中的"移动工具"按钮 ⊕，将打开的汽车图像拖曳到新建的图像中，系统自动生成"图层 2"，如图 1-53 所示。

图 1-53   移动图像至当前文件生成"图层 2"

（6）将"图层 2"作为当前工作层，按 Ctrl＋T 组合键对汽车图像的位置及大小进行适当的调整，效果如图 1-54 所示。

图 1-54   调整后的图像

（7）打开另外一幅汽车标志图像，如图 1-55 所示。

图 1-55   打开的汽车标志图像

（8）利用工具箱中的矩形选框工具将汽车标志图像选中，然后利用移动工具将其拖曳到汽车图像上方，自动生成"图层 3"，效果如图 1-56 所示。

（9）将"图层 3"作为当前工作层，按 Ctrl＋T 组合键对汽车标志图像的位置及大小进行适当的调整，效果如图 1-57 所示。

图 1-56　移动图像至当前文件生成"图层 3"

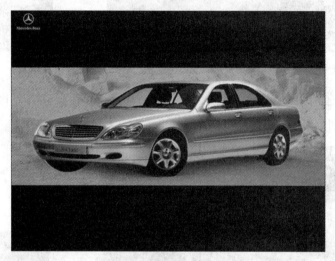

图 1-57　调整后的效果

（10）将"图层 3"拖曳到"图层"面板底部的"创建新图层"按钮 ▣ 上进行复制，系统将其命名为"图层 3 副本"，然后利用移动工具将其移动到适当的位置，如图 1-58 所示。

图 1-58　复制图像

（11）使用相同的方法复制多个标志，适当调整其位置，效果如图 1-59 所示。

（12）将复制的所有标志所在的图层进行合并，并将其命名为"图层 3 副本 9"，"图层"面板如图 1-60 所示。

图 1-59　复制多个标志并调整位置　　　　　　　　图 1-60　图层 3 副本 9

（13）再次复制"图层 3"生成"图层 3 副本 10"，然后将其移动到如图 1-61 所示的位置。

（14）此时"图层"面板如图 1-62 所示。

图 1-61　复制并调整图像位置　　　　　　　　　　图 1-62　图层 3 副本 10

（15）按 Ctrl＋R 组合键显示参考线，移出 7 条垂直参考线，如图 1-63 所示。

（16）选择"单列选框"按钮 ，同时按住 Shift 键，选取垂直参考线，效果如图 1-64 所示。

（17）设置前景色为蓝色（R：0，G：207，B：247），按 Alt＋Delete 组合键进行填充，按 Ctrl＋D 组合键取消选区。

（18）按 Ctrl＋R 组合键隐藏标尺，按 Ctrl＋H 组合键隐藏参考线内容，最终效果如图 1-65 所示。

图 1-63　显示参考线并调整其位置

图 1-64　选取参考线

图 1-65　最终效果图

小结

本章主要对矢量图、位图、分辨率、Photoshop CC 的操作界面、图像文件的操作以及图像尺寸设置进行了概述。通过本章的学习,用户应该对 Photoshop CC 软件有一个大体的了解,并掌握常用文件格式、文件管理、分辨率及图像尺寸。

习题

(1) 打开一幅图像,设置图像分辨率和画布大小,如图 1-66 所示。

图 1-66   设置图像分辨率和画布大小

(2) 打开一幅图像,显示标尺和网格,如图 1-67 所示。

图 1-67   显示图像的标尺和网格

(3) 创造网格图像,如图 1-68 所示。要求如下:
① 为图像添加网格。
② 绘制黑色圆角矩形。
③ 更改图层模式为"柔光"。

图 1-68   创造网格图像

第 2 章

创建和编辑选区

选区在图像编辑过程中扮演着非常重要的角色,可以限制图像编辑的范围。灵活并且巧妙地应用选区,能得到许多精美绝伦的效果。因此很多 Photoshop 高手将 Photoshop 的精髓归结为"选择的艺术"。

学习要点

1. 创建选区工具
2. 修改选区
3. 编辑选区
4. 选区内图像的编辑

学习任务

任务1　创建书签
任务2　趣味图像合成

2.1　创建选区工具

选区是通过各种绘制工具在图像中提取的全部或部分图像区域,在图像中呈流动的蚂蚁爬行状。由于图像是由像素构成的,所以选区也是由像素组成的。像素是构成图像的基本单位,不能再分,故选区至少包含一个像素。选区在图像处理时起着保护选区外图像的作用,约束各种操作只对选区内的图像有效,防止选区外的图像受到影响。

在 Photoshop CC 中提供了多种创建选区的方法,选框工具是 Photoshop 中最基本、最常用的创建选区工具,利用它可以在图像中直接创建选区。创建选区工具包括选框工具、套索工具和其他创建选区工具。

2.1.1　选框工具组

利用选框工具组可以在图像中创建出规则形状的选区。它包括矩形选框工具、椭圆选框工具、单行选框工具和单列选框工具4种,如图 2-1 所示。

1. 矩形选框工具

利用矩形选框工具可以在图像中创建规则的长方形或正方形选区,其具体的操作步骤如下。

图 2-1　选框工具组

（1）单击工具箱中的"矩形选框工具"按钮 ，其属性栏设置如图 2-2 所示。

图 2-2　"矩形选框工具"属性栏

（2）利用 按钮组可在原有选区的基础上添加选区、减掉选区或相交选区；在"羽化"文本框中可设置创建选区时边缘的柔化程度；选中"消除锯齿"复选框，用于消除选区锯齿边缘，使用矩形选框工具不能使用该选项；在"样式"下拉列表中可选择限制创建选区的比例或尺寸，包括"正常""固定比例"和"固定大小"3 个选项。

（3）设置完成后，单击图像并拖曳出一个矩形选框，然后松开鼠标，即可创建一个矩形选区，如图 2-3 所示。

2.椭圆选框工具

利用椭圆选框工具可在图像中创建规则形状的椭圆选区或正圆选区，其具体的操作步骤如下。

图 2-3　创建的矩形选区

（1）单击工具箱中的"椭圆选框工具"按钮 ，其属性栏设置如图 2-4 所示。

图 2-4　"椭圆选框工具"属性栏

（2）选中"消除锯齿"复选框，创建选区时可在边缘和背景色之间填充过渡色，使边缘看起来较为柔和，以达到消除锯齿的目的。

（3）设置完成后，单击图像并拖曳出一个椭圆选框，然后松开鼠标，即可创建一个椭圆选区，如图 2-5 所示。

图 2-5　创建的椭圆选区

技巧：在创建选区时,用户可以结合一些其他的按键来达到某些特定的效果,具体方法如下。

(1) 在创建选区时,按住 Shift 键可以在图像中创建正方形或正圆形选区。

(2) 在创建选区时,按住 Alt 键可以按指定的中心创建选区。

3. 单行选框工具

单行选框工具可在图像中创建高度为 1 像素的单行选区,其具体的操作步骤如下。

(1) 单击工具箱中的"单行选框工具"按钮 ，其属性栏设置如图 2-6 所示。

图 2-6 "单行选框工具"属性栏

(2) 设置完成后,单击图像,此时在图像要选择的区域中就会出现一条横向的直线,该条直线即为创建的单行选区,如图 2-7 所示。

图 2-7 创建的单行选区

4. 单列选框工具

利用单列选框工具可以创建宽度为 1 像素的单列选区,其具体的操作步骤如下。

(1) 单击工具箱中的"单列选框工具"按钮 ，其属性栏设置如图 2-8 所示。

图 2-8 "单列选框工具"属性栏

(2) 设置完成后,单击图像,此时在图像要选择的区域中就会出现一条纵向的直线,该条直线即为创建的单列选区,如图 2-9 所示。

图 2-9 创建的单列选区

2.1.2　套索工具组

利用套索工具组可以在图像中创建不规则形状的选区。它包括套索工具、多边形套索工具和磁性套索工具 3 种,如图 2-10 所示。

1. 套索工具

利用套索工具可在图像中创建任意形状的选区,其具体的操作步骤如下。

(1) 单击工具箱中的"套索工具"按钮 ,其属性栏设置如图 2-11 所示。

图 2-10　套索工具组　　　　　　　　　　图 2-11　"套索工具"属性栏

(2) 设置完成后,单击图像并拖曳定义选区,然后释放鼠标,系统会自动用曲线将创建的选区围成一个封闭的选区。图 2-12 所示为利用套索工具创建的选区。

2. 多边形套索工具

利用多边形套索工具可在图像中创建多边形的选区,其具体的操作步骤如下。

(1) 单击工具箱中的"多边形套索工具"按钮 ,其属性栏设置如图 2-13 所示。

图 2-12　利用套索工具创建的选区

图 2-13　"多边形套索工具"属性栏

(2) 设置完成后,单击图像确定起始点,移动鼠标指针到下一个转折点处,再单击,继续此操作,直到所有的选区范围都被选取后,回到起始点处,此时鼠标指针右下角会出现一个小圆圈,如图 2-14 所示,即表示可以封闭选择区域,单击即可完成选择操作,效果如图 2-15 所示。如果选择没有回到起始点处,可以双击,系统会自动将双击点与起始点闭合。

图 2-14　封闭选区前的效果　　　　　　　　图 2-15　封闭选区后的效果

3. 磁性套索工具

磁性套索工具是依据要选择的图像边界的像素点颜色来进行选择的,适用于对图像边界与背景颜色相差较大的图像创建选区,其具体的操作步骤如下。

(1) 单击工具箱中的"磁性套索工具"按钮 ,其属性栏设置如图 2-16 所示。

图 2-16 "磁性套索工具"属性栏

(2) 在"宽度"文本框中可设置在创建选区时的探测宽度(探测从鼠标指针位置开始到指定宽度以内的范围);在"对比度"文本框中可设置边缘的对比度;在"频率"文本框中可设置添加到路径中锚点的密度;选中 按钮,可在创建选区时设置绘图板的画笔压力。

(3) 设置完成后,单击图像确定起始点,松开鼠标沿着需要选取的图像边缘拖动鼠标指针,系统会自动在鼠标指针轨迹附近查找颜色对比度最大的地方建立选区线,当选取完成后,鼠标指针回到起始点处时,其右下角会出现一个小圆圈,此时单击即可封闭选择区域,如图 2-17 所示。

图 2-17 利用磁性套索工具创建的选区

2.1.3 其他创建选区工具

除了前面介绍的创建选区的方法外,在 Photoshop CC 中还可以使用魔棒工具、快速选择工具、色彩范围命令以及全选命令来创建选区。

1. 魔棒工具

利用魔棒工具可以根据一定的颜色范围来创建选区。单击工具箱中的"魔棒工具"按钮 ,其属性栏如图 2-18 所示。

图 2-18 "魔棒工具"属性栏

在"容差"文本框中输入数值,可以设置选取的颜色范围,其取值范围为 1~255,数值越大,选取的颜色范围就越大,如图 2-19 所示。

选中"消除锯齿"复选框,用于消除选区锯齿边缘。

选中"连续"复选框,在创建选区时,只在与单击点相邻的范围内选择,否则将在整幅图像中选择,如图 2-20 所示。

(a) 容差值为10　　　　　　　(b) 容差值为50

图 2-19　以不同容差值创建的选区

(a)未选中"连续"复选框　　　　(b)选中"连续"复选框

图 2-20　未选中与选中"连续"复选框创建的选区

选中"对所有图层取样"复选框,可选取图像中所有图层中颜色相近的范围。反之,只在当前图层中选择。

2. 快速选择工具

快速选择工具是魔棒工具的快捷版本,可以利用可调整的圆形笔尖迅速地绘制出选区,其属性栏如图 2-21 所示。当拖曳笔尖时,选取范围不但会向外扩张,而且还可以自动寻找并沿着图像的边缘来描绘边界。

图 2-21　"快速选择工具"属性栏

- 新选区：可以创建一个新的选区。
- 添加到选区：可以在原有选区的基础上添加新建的选区。
- 从选区减去：可以在原有选区的基础上减去当前绘制的选区。
- 画笔选择器：单击 按钮,可以在弹出的"画笔"选择器中设置画笔的大小、硬度、间距、角度以及圆度,如图 2-22 所示。在绘制选区的过程中,可以按]键和[键增大或减小画笔的大小。
- 对所有图层取样：如果勾选该复选框,Photoshop 会根据所有图层建立选取范围,而不只针对当前图层。
- 自动增强：用于降低选区翻转边界的粗糙度与区块感。

3. "色彩范围"命令

利用"色彩范围"命令可以从整幅图像中选取与某颜色相似的像素,而不只是选择与单击处颜色相近的区域。

图 2-22　"画笔"选择器

下面通过一个例子介绍"色彩范围"命令的应用,具体的操作方法如下。

(1) 按 Ctrl+O 组合键,打开一幅图像,选择"选择"→"色彩范围"命令,弹出"色彩范围"对话框,如图 2-23 所示。

在"选择"下拉列表中选择用来定义选取颜色范围的方式,如图 2-24 所示。其中红色、黄色、绿色等选项用于在图像中指定选取某一颜色范围;高光、中间调和阴影这些选项用于选取图像中亮度不同的区域;溢色选项可以用来选择在印刷中无法表现的颜色。

图 2-23 "色彩范围"对话框

图 2-24 "选择"下拉列表

在"颜色容差"文本框中输入数值,可以调整颜色的选取范围。数值越大,包含的相似颜色越多,选取范围也就越大。

单击 ![]按钮,可以吸取所要选择的颜色;单击 ![]按钮,可以增加颜色的选取范围;单击 ![]按钮,可以减少颜色的选取范围。

在"选区预览"下拉列表中可以选择原图像在所创建的选区下的显示情况。

选中"反相"复选框可将选区与非选区互相调换。

(2) 当用户在"色彩范围"对话框中设置好参数后,单击"确定"按钮,所有与用户设置相匹配的颜色区域都会被选取,效果如图 2-25 所示。

图 2-25 应用"色彩范围"对话框建立的选区

(3) 如果要修改选区,可使用 ![]或 ![],单击图像增加或减少选区。

2.1.4 全选命令

利用全选命令可以一次性将整幅图像全部选取,具体的操作方法如下。

打开一幅图像,选择"选择"→"全部"命令,或按 Ctrl＋A 组合键,即可将图像全部选取,如图 2-26 所示。

图 2-26 应用全选命令创建的选区

2.2 修改选区

修改选区的命令包括边界、平滑、扩展、收缩和羽化 5 个,它们都集中在"选择"→"修改"命令子菜单中,用户利用这些命令可以对已有的选区进行更加精确的调整,以得到满意的选区。

2.2.1 "边界"命令

应用"边界"命令后,以一个包围选区的边框来代替原选区,该命令用于修改选区的边缘。下面通过一个例子介绍"边界"命令的使用,具体的操作方法如下。

(1) 打开一幅图像,并为其创建选区,效果如图 2-27 所示。

(2) 选择"选择"→"修改"→"边界"命令,弹出"边界选区"对话框,在"宽度"文本框中输入数值,设置选区边框的大小为 50,如图 2-28 所示。

(3) 设置完成后,单击"确定"按钮,效果如图 2-29 所示。

图 2-27 打开图像并创建选区　　图 2-28 "边界选区"对话框　　图 2-29 选区扩边效果

2.2.2 "平滑"命令

"平滑"命令是通过在选区边缘增加或减少像素来改变边缘的粗糙程度,以达到一种平滑的选区效果。在如图 2-27 所示的选区的基础上选择"选择"→"修改"→"平滑"命令,弹出"平滑选区"对话框,如图 2-30 所示,在"取样半径"文本框中输入数值,设置其平滑度为 60,单击"确定"按钮,效果如图 2-31 所示。

图 2-30　"平滑选区"对话框　　　　　　　　图 2-31　选区的平滑效果

2.2.3　"扩展"命令

"扩展"命令是将当前选区按设定的数目向外扩充,扩充单位为像素。在如图 2-27 所示的选区的基础上选择"选择"→"修改"→"扩展"命令,弹出"扩展选区"对话框,如图 2-32 所示,在"扩展量"文本框中输入数值,设置其扩展量为 50,单击"确定"按钮,效果如图 2-33 所示。

图 2-32　"扩展选区"对话框　　　　　　　　图 2-33　选区的扩展效果

另外,选择"选择"菜单中的"扩大选取"和"选取相似"命令也可以扩展选区。选择"扩大选取"命令时,可以按颜色的相似程度(由"魔棒工具"属性栏中的容差值来决定相似程度)来扩展当前的选区;选择"选取相似"命令时,也是按颜色的相似程度来扩大选区,但是,这些扩展后的选区并不一定与原选区相邻。

2.2.4　"收缩"命令

"收缩"命令与"扩展"命令相反,"收缩"命令可以将当前选区按设定的像素数目向内收缩。在如图 2-27 所示的选区的基础上选择"选择"→"修改"→"收缩"命令,弹出"收缩选区"对话框,如图 2-34 所示,在"收缩量"文本框中输入数值,设置其收缩量为 30,单击"确定"按钮,效果如图 2-35 所示。

图 2-34　"收缩选区"对话框　　　　　　　　图 2-35　选区的收缩效果

2.2.5　"羽化"命令

利用"羽化"命令可以使图像选区的边缘产生模糊效果。下面通过一个例子介绍"羽化"命令的使用方法,具体的操作步骤如下。

(1) 打开一幅图像,并在其中创建选区,如图 2-36 所示。

(2) 选择"选择"→"羽化"命令,或按 Ctrl＋Alt＋D 组合键,弹出"羽化选区"对话框,如图 2-37 所示,在"羽化半径"文本框中输入数值,设置羽化的效果,数值越大,选区的边缘越平滑。

(3) 设置完成后,单击"确定"按钮,即可羽化选区,效果如图 2-38 所示。

图 2-36　打开图像并创建选区　　　图 2-37　"羽化选区"对话框　　　图 2-38　选区羽化效果

2.3　编辑选区

利用编辑选区的命令可以对已有选区进行各种编辑操作,如反向、移动、变换、填充、描边、取消选区等,下面分别进行介绍。

2.3.1　反向选区

"反向"命令可以将当前图像中的选区和非选区进行相互转换,具体的操作方法如下。

打开一幅图像并创建选区,然后选择"选择"→"反向"命令,或按 Shift＋Ctrl＋I 组合键,系统会将已有选区进行反向,如图 2-39 所示。

图 2-39 反向选择效果

2.3.2 移动选区

要移动选区,只需将鼠标指针移动到选区内,当鼠标指针变为 形状时,拖动鼠标即可,如图 2-40 所示。

图 2-40 移动选区效果

另外,还可以使用方向键(上、下、左、右键)进行移动,每次以 1 像素为单位移动选择区域。

技巧:按住 Shift 键再使用方向键(上、下、左、右键),则每次以 10 像素为单位移动选区。

2.3.3 变换选区

"变换选区"命令可对已有选区做任意形状的变换,如放大、缩小、旋转等。下面通过一个例子介绍"变换选区"命令的使用方法,具体的操作步骤如下。

(1) 按 Ctrl+O 组合键,打开一幅图像并创建选区,如图 2-41 所示。

(2) 选择"选择"→"变换选区"命令,选区的边框上将会出现 8 个节点,将鼠标指针移至选区内拖动,可以将选区移到指定的位置,如图 2-42 所示。

图 2-41 打开图像并创建选区

图 2-42 移动选区

（3）将鼠标指针移至一个节点上，当鼠标指针变成 ↗ 形状时，拖动鼠标可以调整选区大小，如图 2-43 所示。

（4）将鼠标指针移至选区以外的任意一角，当鼠标指针变成 ↰ 形状时，拖动鼠标可以旋转选区，效果如图 2-44 所示。

图 2-43　调整选区大小

图 2-44　旋转选区

（5）右击变换框，可弹出如图 2-45 所示的快捷菜单，在其中可以选择不同的命令对选区进行相应的变换。图 2-46 所示为使用"斜切"命令后的图像效果。

图 2-45　快捷菜单

图 2-46　选区的斜切效果

（6）对选区变换完成后，按 Enter 键可确认变换操作，按 Esc 键可以取消变换操作。

2.3.4　填充选区

利用"填充"命令可以在创建的选区内部填充颜色或图案。下面通过一个例子介绍"填充"命令的使用方法，具体的操作步骤如下。

（1）按 Ctrl＋N 组合键，新建一幅图像文件，然后单击工具箱中的"套索工具"按钮 ，在新建图像中创建一个椭圆选区，效果如图 2-47 所示。

（2）选择"编辑"→"填充"命令，弹出"填充"对话框，如图 2-48 所示。

（3）在"内容"下拉列表中可以选择填充时所使用的对象。

（4）在"自定图案"下拉列表中可以选择所需要的图案样式。该选项只有在"内容"下拉列表中选择"图案"选项后才能被激活。

图 2-47　新建图像并创建选区

图 2-48　"填充"对话框

（5）在"模式"下拉列表中可以选择填充时的混合模式。

（6）在"不透明度"文本框中输入数值，可以设置填充时的不透明程度。

（7）选中"保留透明区域"复选框，填充时将不影响图层中的透明区域。

（8）设置完成后，单击"确定"按钮即可填充选区，图 2-49 所示为使用前景色和图案填充选区效果。

图 2-49　填充选区效果

2.3.5　描边选区

利用"描边"命令可以为创建的选区进行描边处理。下面通过一个例子来介绍"描边"命令的使用方法，具体的操作步骤如下。

（1）以图 2-47 所示的选区为基础，选择"编辑"→"描边"命令，弹出"描边"对话框，如图 2-50(a)所示。

（2）在"宽度"文本框中输入数值，设置描边的边框宽度。

（3）单击"颜色"后的颜色框，可从弹出的"拾色器"对话框中选择合适的描边颜色。

（4）在"位置"选项区中可以选择描边的位置，从左到右分别为位于选区边框的内部、居中和居外。

（5）设置完成后，单击"确定"按钮，即可对创建的选区进行描边，效果如图 2-50(b)所示。

(a)   (b)

图 2-50   描边选区

2.3.6   取消选区

在编辑过程中,当不需要一个选区时,可以将其取消,取消选区常用的方法有以下几种。

(1) 选择"选择"→"取消选择"命令取消选区。

(2) 按 Ctrl+D 组合键也可以取消选区。

(3) 若当前使用的是选区工具,在选区外任意位置单击鼠标即可取消选区。

(4) 右击图像中的任意位置,在弹出的快捷菜单中选择"取消选择"命令取消选区。

2.4   选区内图像的编辑

本节主要介绍选区内图像的编辑,包括对图像文件进行复制、粘贴、删除、羽化和变形等操作,以下将具体进行介绍。

2.4.1   复制与粘贴图像

利用"编辑"菜单中的"复制"和"粘贴"命令可对选区内的图像进行复制或粘贴,也可通过按 Ctrl+C 组合键复制图像,按 Ctrl+V 组合键粘贴图像。其具体的操作方法如下。

(1) 打开一幅图像,利用选区工具在需要复制的部分创建选区,如图 2-51 所示。

(2) 按 Ctrl+C 组合键复制选区内的图像,按 Ctrl+V 组合键对复制的图像进行粘贴,然后单击工具箱中的"移动工具"按钮 ,将粘贴的图像移动到目标位置,效果如图 2-52 所示。

图 2-51   创建选区效果

图 2-52   粘贴后的图像

　　技巧：在图像中需要复制图像的部分创建选区，然后在按住 Alt 键的同时利用移动工具移动选区内的图像，也可复制并粘贴图像。

　　用户也可同时打开两幅图像，将其中一幅图像中的内容复制并粘贴到另外一幅图像中。

2.4.2　删除和羽化图像

　　在处理图像时，有时需要对部分图像进行删除，必须先对图像中需要删除的部分创建选区，再选择"选择"→"清除"命令，或按 Delete 键进行删除。如果图像中创建的选区不规则，其边缘就会出现锯齿，使图像显得生硬且不光滑，利用"选择"→"羽化"命令可使生硬的图像边缘变得柔和。

　　下面将举例来介绍删除和羽化图像的方法。

　　（1）打开一幅图像，单击工具箱中的"椭圆选框工具"按钮，在图像中需要删除的地方创建选区，如图 2-53 所示。

　　（2）选择"选择"→"修改"→"羽化"命令，或按 Shift＋F6 组合键，都可弹出"羽化选区"对话框，设置参数如图 2-54 所示。

图 2-53　打开图像并创建选区　　　　　　　图 2-54　"羽化选区"对话框

　　（3）设置完成后，单击"确定"按钮，然后按 Shift＋Ctrl＋I 组合键反选选区，效果如图 2-55 所示。

　　（4）选择"编辑"→"清除"命令，或按 Delete 键，删除羽化后的选区内的图像，按 Ctrl＋D 组合键取消选区，效果如图 2-56 所示。

图 2-55　反选选区效果　　　　　　　　　图 2-56　删除并取消选区效果

2.4.3 变形选区内图像

在 Photoshop CC 中新增了许多图像变形样式,可利用"编辑"菜单中的"自由变换"和"变换"两个命令来完成,以下将具体进行介绍。

1. "自由变换"命令

利用"自由变换"命令可对图像进行旋转、缩放、扭曲和拉伸等各种变形操作,其具体的操作方法如下。

(1) 打开一幅图像,单击工具箱中的"矩形选框工具"按钮 ,在图像中创建选区,效果如图 2-57 所示。

(2) 选择"编辑"→"自由变换"命令,在图像周围会出现 8 个调节框,如图 2-58 所示。

图 2-57 打开图像并创建选区   图 2-58 应用"自由变换"命令

(3) 将鼠标指针置于矩形框周围的节点上单击并拖动,即可将选区内图像放大或缩小,图 2-59 所示为缩小选区内的图像效果。

(4) 将鼠标指针置于矩形框周围节点以外,当指针变成 ↻ 形状时单击并移动鼠标可旋转图像,如图 2-60 所示。

图 2-59 缩小图像效果   图 2-60 旋转图像效果

另外,执行"自由变换"命令以后,在其属性栏中还增加了"变形图像"按钮 ,单击此按钮,其属性栏中会多出 变形: 自定 下拉列表框,再单击右侧的下三角按钮 ,则可弹出变形图像下拉列表,如图 2-61 所示。

以下列举几种图像变形效果,如图 2-62 所示。

图 2-61 变形图像下拉列表

原图   扇形

拱形   旗帜

膨胀   扭转

图 2-62 几种图像变形效果

2. "变换"命令

利用"变换"命令可对图像进行斜切、扭曲、透视等操作,其具体的操作方法如下。

以如图 2-57 所示的图像选区为基础,选择"编辑"→"变换"→"斜切"命令,在图像周围会显示控制框,单击并调整控制框周围的节点,效果如图 2-63 所示。

利用"扭曲"命令和"透视"命令变形图像的方法和利用"斜切"命令变形图像的方法相同,效果如图 2-64 和图 2-65 所示。

图 2-63　斜切选区内图像效果

图 2-64　扭曲图像效果

图 2-65　透视图像效果

2.5　任务实现

2.5.1　任务 1　创建书签

利用所学的知识创建书签,其操作步骤如下。

(1) 选择"文件"→"新建"命令,弹出"新建"对话框,设置参数如图 2-66 所示,单击"确定"按钮,新建一个图像文件。

图 2-66　"新建"对话框

　　(2) 单击工具箱中的"矩形选框工具"按钮██，在图像中创建一个矩形选区，效果如图 2-67 所示。

图 2-67　创建的矩形选区

　　(3) 单击工具箱中的"椭圆选框工具"按钮██，其属性栏设置如图 2-4 所示。

　　(4) 设置完成后，按住 Shift 键的同时单击，在图像中创建一个椭圆选区，效果如图 2-68 所示。

　　(5) 单击工具箱中的"设置前景色"色块按钮██，在弹出的"拾色器"对话框中将前景色设为绿色（R：154，G：215，B：202），然后按 Alt＋Delete 组合键进行填充，效果如图 2-69 所示。

图 2-68　创建的椭圆选区

图 2-69　填充前景色

　　(6) 按 Ctrl＋D 组合键取消选区，再按 Ctrl＋O 组合键打开一幅花图像，单击工具箱中的"魔棒工具"按钮██，在花图像的背景处单击创建选区，效果如图 2-70 所示。

　　(7) 选择"选择"→"反向"命令，反选选区，将其中的花图像选取，效果如图 2-71 所示。

图 2-70 选取图像背景   图 2-71 反选选区效果

（8）选择"选择"→"修改"→"羽化"命令，弹出"羽化选区"对话框，设置参数对花图像进行羽化处理，如图 2-72 所示。

（9）设置完成后，单击"确定"按钮，按 Ctrl＋C 组合键复制选区内的花图像，然后单击新建"制作书签"图像窗口，再按 Ctrl＋V 组合键将复制到剪贴板中的图像粘贴到新建图像中，效果如图 2-73 所示。

图 2-72 "羽化选区"对话框

（10）选择"编辑"→"自由变换"命令，对复制的图像进行变换调整，效果如图 2-74 所示。

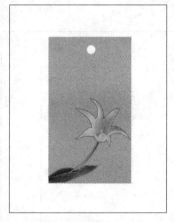

图 2-73 复制并粘贴图像效果   图 2-74 调整图像效果

（11）单击工具箱中的"直排文字工具"按钮 ↓T，其属性栏设置如图 2-75 所示。

图 2-75 "直排文字工具"属性栏

（12）设置完成后，在图像中单击鼠标输入红色文字"友谊天长地久"，其最终效果如图 2-76 所示。

图 2-76　最终效果图

2.5.2　任务 2　趣味图像合成

利用所学的知识合成趣味图像，操作步骤如下。

（1）选择"文件"→"打开"命令，打开一个素材文件，如图 2-77 所示。

（2）选择"磁性套索工具" ，在图片上单击并拖曳。围绕蝴蝶图像的四周建立选区，如图 2-78 所示。

图 2-77　素材图片　　　　　　　　　　　　图 2-78　建立选区

（3）选择"放大镜工具" ，在图片上单击，放大图像，如图 2-79 所示。

（4）选择"磁性套索工具" ，同时按住 Shift 键，将未选中的细节部分添加至选区中，如图 2-80 所示。

图 2-79　放大图像　　　　　　　　　　　　图 2-80　将细节部分添加至选区

（5）使用上述方法将蝴蝶图形全部选中，最终效果如图 2-81 所示。

（6）选择"文件"→"打开"命令，打开一张素材图像，如图 2-82 所示。

图 2-81　全部选择

图 2-82　另一张素材图片

（7）将蝴蝶拖至人物素材中，如图 2-83 所示。

（8）按 Ctrl＋T 组合键，同时按住 Shift 键拖动图片至合适大小，并移动其位置，如图 2-84 所示。

图 2-83　添加素材

图 2-84　移动位置

（9）按住 Ctrl 键，同时单击"图层 1"，选择蝴蝶，如图 2-85 所示。

（10）选择"选择"→"修改"→"羽化"命令，在弹出的"羽化选区"对话框中设置参数，如图 2-86 所示。

图 2-85　选择蝴蝶

图 2-86　"羽化选区"对话框

（11）单击工具箱中的"设置前景色"色块，在弹出的"拾色器（前景色）"对话框中设置颜色，再单击"确定"按钮，如图 2-87 所示。

图 2-87　"拾色器（前景色）"对话框

（12）单击"图层"面板中的"创建新图层"按钮，新建一个图层，按 Alt＋Delete 组合键填充颜色，效果如图 2-88 所示。

（13）在"图层"面板中，按住阴影图层并拖曳，将其放置在蝴蝶图层下方，调整至合适位置，最终效果如图 2-89 所示。

图 2-88　填充颜色

图 2-89　趣味图像合成效果

小结

本章重点介绍了如何创建选区以及如何编辑选区及选区内的图像，通过学习，用户应该掌握各种选区工具的使用方法和技巧，能够熟练使用这些工具创建不同的选区，并且对所创建的选区进行更加精确的修改和编辑操作。

习题

（1）打开一幅图像，练习使用魔棒工具将图像中的背景选取，并对创建的选区进行羽化（羽化半径为 10 像素），然后利用填充命令为其填充木质图案，效果如图 2-90 所示。

图 2-90　使用魔棒工具

提示：在填充选区时，将"填充"对话框中的"使用"选项设置为"图案"，"自定图案"选项设置为"木质"图案，其他的参数为默认设置。

（2）为人物更改背景，如图 2-91 所示。要求如下：

① 使用磁性套索工具选择人物。

② 复制图像并删除多余图像。

③ 添加背景素材，并调整位置及大小。

④ 将背景素材放置在人物图层下方。

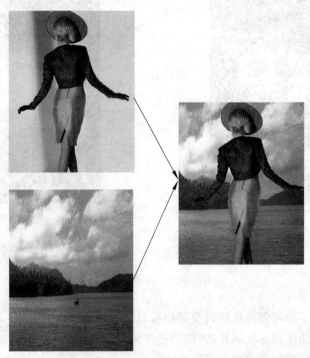

图 2-91　为人物更改背景

（3）打开素材文件，利用选区合成一幅画卷展开效果，如图 2-92 所示。要求如下：

① 选取选区。

② 对选区羽化。

③ 对图像进行变换。

图 2-92 利用选区合成一幅画卷展开效果

第 3 章

描绘和修饰图像

Photoshop CC 提供了丰富多样的绘图工具和修图工具,具有强大的绘图和修图功能,使用这些绘图工具,再配合"画笔"调板、混合模式、图层等功能,可以制作出传统绘画技巧难以达到的效果。

学习要点

1. 获取所需的颜色

2. 图像的描绘

3. 图像的填充

4. 图像的擦除

5. 图像的修饰

学习任务

任务 1　制作光盘正面

任务 2　制作光盘背面

3.1　获取所需的颜色

由于 Photoshop CC 中的大部分操作都和颜色有关,因此,用户在学习后面其他内容之前应首先学习 Photoshop CC 中的颜色设置方法,下面将具体进行介绍。

3.1.1　前景色与背景色

在工具箱中前景色显示在上面,背景色显示在下面,如图 3-1 所示。

图 3-1　前景色和背景色按钮

在默认的情况下,前景色为黑色,背景色为白色。如果在使用过程中要切换前景色和背景色,则可在工具箱中单击"切换颜色"按钮或按 X 键。若要返回默认的前景色和背景色设置,则可在工具箱中单击"默认颜色"按钮或按 D 键。

若要更改前景色或背景色,可单击工具箱中的"设置前景色"或"设置背景色"按钮,弹出

"拾色器(前景色)"对话框,如图 3-2 所示。

图 3-2 "拾色器(前景色)"对话框

提示:在色域图中,左上角为纯白色(R:255,G:255,B:255),右下角为纯黑色(R:0, G:0,B:0)。

另外,单击其对话框中的"颜色库"按钮,可弹出"颜色库"对话框,如图 3-3 所示。

图 3-3 "颜色库"对话框

在"颜色库"对话框中,单击"色库"右侧的下三角按钮 ⬍ ,可弹出"色库"下拉列表,其中共有 26 种颜色库,这些颜色库是全球范围内不同公司或组织制定的色样标准。由于不同印刷公司的颜色体系不同,可以在"色库"下拉列表中选择一个颜色系统,然后输入油墨数或沿色调调节杆拖动三角滑块,找出想要的颜色。每选择一种颜色序号,该序号相对应的CMYK 的各分量的百分数也会相应地发生变化。如果单击色调调节杆上端或下端的三角块,则每单击一次,三角滑块会向前或向后移动选择一种颜色。

CMYK 代表印刷中常用的 4 种颜色,C 代表青色,M 代表洋红色,Y 代表黄色,K 代表黑色。

3.1.2 "颜色"面板

在"颜色"面板中可通过几种不同的颜色模型来编辑前景色和背景色,也可从颜色栏显示的色谱中选取前景色和背景色。选择"窗口"→"颜色"命令,即可打开"颜色"面板,如图 3-4 所示。

图 3-4　"颜色"面板

若要使用"颜色"面板设置前景色或背景色,首先在该面板中选择要编辑颜色的前景色或背景色色块,然后再拖动颜色滑块或在其右边的文本框中输入数值即可,也可直接从面板中最下面的颜色栏中选取颜色。

3.1.3 "色板"面板

在 Photoshop CC 中还提供了可以快速设置颜色的"色板"面板,选择"窗口"→"色板"命令,即可打开"色板"面板,如图 3-5 所示。

在该面板中选择某一个预设的颜色块,既可快速地改变前景色与背景色颜色,也可以将设置的前景色与背景色添加到"色板"面板中或删除此面板中的颜色。还可在"色板"面板中单击 按钮,在弹出的下拉列表中选择一种预设的颜色样式添加到色板中作为当前色板,供用户参考使用。

技巧:按住 Ctrl 键的同时在色板中单击,可以将选择的颜色设置为背景色。

3.1.4 吸管工具

使用吸管工具不仅能从打开的图像中取样颜色,而且也可以指定新的前景色或背景色。单击工具箱中的"吸管工具"按钮 ,然后在需要的颜色上单击即可将该颜色设置为新前景色。如果在单击颜色的同时按住 Alt 键,则可以将选中的颜色设置为新背景色。"吸管工具"属性栏如图 3-6 所示。

● 取样大小:在取样大小下拉列表中可以选择吸取颜色时的取样大小。选择"取样点"

图 3-5　"色板"面板

图 3-6　"吸管工具"属性栏

选项时，可以读取所选区域的像素值；选择"3×3 平均"或"5×5 平均"等选项时，可以读取所选区域内指定像素的平均值。修改吸管的取样大小会影响"信息"面板中显示的颜色数值。

利用该工具可以吸取到图像中任意一点的颜色，并以数字的形式在信息面板中表示出来。图 3-7(a)所示为未取样时的"信息"面板，图 3-7(b)所示为取样后的"信息"面板。

图 3-7　取样前后的"信息"面板

- 样本：可以从"当前图层""当前和下方图层""所有图层""所有无调整图层"和"当前和下一个无调整图层"中采集颜色。
- 显示取样环：勾选该选项以后，可以在拾取颜色时显示取样环。默认情况下，"显示取样环"选项处于不可用状态，需要启用"使用图形处理器"功能才能勾选"显示取样环"选项。选择"编辑"→"首选项"→"性能"菜单命令，打开"首选项"对话框，然后在"图形处理器设置"选项组下勾选"使用图形处理器"选项。设置完重启 Photoshop CC 就可以勾选"显示取样环"选项。

3.2　图像的描绘

描绘工具是使用前景色描绘图像的，因此在描绘前应该先设置好前景色，然后再使用描绘工具对图像进行描绘处理。本节具体介绍几种描绘工具的使用方法。

3.2.1　注释类工具

注释类工具可以为图像增加文字注释。

选择"注释工具"按钮 或按 Shift＋I 组合键，其属性栏状态如图 3-8 所示。

图 3-8　"注释工具"属性栏

- 作者：用于输入作者姓名。
- 颜色：用于设置注释窗口的颜色。
- 清除全部：用于清除所有注释。
- 显示或隐藏"注释"面板按钮 ：用于打开"注释"面板，编辑注释文字。

在图像窗口中单击，即出现一个"注释工具"图标和"注释"面板，如图 3-9 所示，在"注释"面板中输入"宝马汽车"，效果如图 3-10 所示。

图 3-9　添加标签

图 3-10　输入标签内容

3.2.2　画笔工具

利用画笔工具可使图像产生用画笔绘制的效果。单击工具箱中的"画笔工具"按钮 ![brush], 其属性栏如图 3-11 所示。

图 3-11　"画笔工具"属性栏

单击 ![icon] 右侧的下拉按钮,可以在打开的"预设画笔"面板(见图 3-12)中设置画笔的类型及大小。

图 3-12　"预设画笔"面板

在"模式"下拉列表中可以选择绘图时的混合模式,在其中选择不同的选项可以使画笔工具画出的线条产生特殊的效果。

在"不透明度"文本框中输入数值可设置绘制图形的不透明程度,效果如图 3-13 所示。

在"流量"文本框中输入数值可设置画笔工具绘制图形时的颜色深浅程度,数值越大,画出的图形颜色就越深。

单击喷枪样式的"建立效果"按钮 ![airbrush],可以启用"喷枪"

图 3-13　设置不同的透明效果

功能,Photoshop CC 根据单击程度来确定画笔笔迹的填充数量。例如关闭"喷枪"功能时,每单击一次会绘制一个笔迹,如图 3-14 所示;而启用"喷枪"功能以后,按住鼠标左键不放,即可持续绘制笔迹,如图 3-15 所示。

图 3-14 没启用"喷枪"   图 3-15 启用"喷枪"

单击"始终对大小使用压力"按钮，可以让压感笔压力覆盖"画笔"面板中的"不透明度"和"大小"设置。

单击"切换画笔"面板按钮，可打开"画笔"面板,如图 3-16 所示,在此面板中可以更加灵活地设置笔触的大小、形状及各种特殊效果。

(1) 选中"画笔笔尖形状"选项,可以设置笔触的形状、大小、硬度以及间距等参数。

(2) 选中"形状动态"复选框,可以设置笔尖形状的抖动大小和抖动方向等参数。

(3) 选中"散布"复选框,可以设置以笔触的中心为轴向两边散布的数量和数量抖动的大小。

(4) 选中"纹理"复选框,可以设置画笔的纹理,在画布上用画笔工具绘图时,会出现一个该图案的轮廓。

(5) 选中"双重画笔"复选框,可使用两个笔尖创建画笔笔迹,还可以设置画笔形状、直径、数量和间距等参数。

(6) 选中"颜色动态"复选框,可以随机地设置各种颜色,并且可以设置饱和度等各种抖动幅度。

(7) "杂色""湿边""喷枪""平滑""保护纹理"等复选框也可以用来设置画笔属性,但没有参数设置选项,只要选中复选框即可。

图 3-16 "画笔"面板

在"画笔工具"属性栏中设置好选项后,在图像中来回拖动鼠标可进行绘画。若要绘制直线,可用鼠标在图像中单击确定起点,然后按住 Shift 键并拖动鼠标即可。若在绘制时将画笔工具用作喷枪,则按住鼠标左键(不拖动)可增大颜色量。图 3-17 所示为在"画笔"面板中选择"画笔笔尖形状"选项,并设置适当的参数后绘制的图形。

图 3-17 设置"画笔"绘制图形

3.2.3 铅笔工具

利用铅笔工具可以在图像中绘制边缘较硬的线条及图像,并且绘制出的形状边缘会有比较明显的锯齿。单击工具箱中的"铅笔工具"按钮 ,其属性栏如图 3-18 所示。

图 3-18 "铅笔工具"属性栏

"铅笔工具"属性栏中的选项与"画笔工具"属性栏的基本相同,唯一不同的是"自动抹除"复选框,选中此复选框,在绘制图形时铅笔工具会自动判断绘画的初始点。如果像素点颜色为前景色,则以背景色进行绘制;如果像素点颜色为背景色,则以前景色进行绘制。

铅笔工具与画笔工具的绘制方法相同,图 3-19 所示为使用铅笔工具绘制的图形。

图 3-19 使用铅笔工具绘制的图形

3.2.4　颜色替换工具

利用颜色替换工具可以将选定的颜色替换为其他颜色,单击工具箱中的"颜色替换工具"按钮，其属性栏如图 3-20 所示。

图 3-20　"颜色替换"属性栏

在"模式下拉列表"中,可以选择"色相""饱和度""颜色"和"明度"。当选择"颜色"模式时,可以同时替换色相、饱和度和明度,如图 3-21 所示。

　　　　原图　　　　　　　　　颜色　　　　　　　　饱和度

图 3-21　颜色模式

单击"取样:连续"按钮后,在拖曳鼠标时,可以对颜色进行取样。

单击"取样:一次"按钮后,在拖曳鼠标时,可替换第一次单击的颜色区域中的目标颜色。

单击"取样:背景色板"按钮后,在拖曳鼠标时,只替换包含当前背景色的区域。

在"限制"列表框中,可以选择"不连续""连续""查找边缘"。

- 当选择"不连续"选项时,可以替换出现在单击下任何位置的样本颜色。
- 当选择"连续"选项时,只替换与单击下的颜色接近的颜色。
- 当选择"查找边缘"选项时,可以替换包含样本颜色的连接区域,同时保留形状边缘的锐化程度。

容差列表框可以用来设置"颜色替换工具"的容差。容差为 20% 和 100% 时的颜色替换效果。

选中"消除锯齿"复选框选项,可以消除颜色替换区域的锯齿效果,从而使图像变得平滑。

3.2.5　混合器画笔工具

利用混合器画笔工具可以模拟真实的绘画效果,并且可以混合画布颜色和使用不同的绘画,单击工具箱中的"混合器画笔工具"按钮，其属性栏如图 3-22 所示。

图 3-22　"混合器画笔工具"属性栏

单击"当前画笔载入"按钮，可以弹出一个下拉菜单,如图 3-23 所示。

- 选择"载入画笔"选项,按住 Alt 键不放并单击图像,可以将图像载入储槽中,如图 3-24 所示。
- 选择"清理画笔"选项,可以清除储槽中的画笔,如图 3-25 所示。
- 选择"只载入纯色"选项,按住 Alt 键不放并单击图像,可以将颜色载入储槽中,如图 3-26 所示。

图 3-23 "当前画笔载入"选框

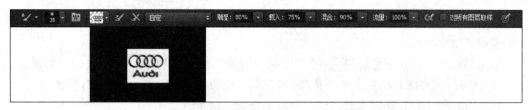

图 3-24 "载入画笔"选项

图 3-25 "清理画笔"选项

图 3-26 "只载入纯色"选项

单击"每次描边后载入画笔"按钮 ,可以让当前颜色与前景色相混合。

单击"每次描边后清理画笔"按钮 ,可以清除油彩。

单击"自定"下三角按钮 ,可以选择"干燥""潮湿"的画笔组合,如图 3-27 所示,选择相应的画笔组合,即可绘制出不同的涂抹效果。图 3-28 所示是选择"干燥,浅描"涂抹效果。

图 3-27 "自定"按钮列表框

图 3-28 "干燥,浅描"效果

单击"潮湿"下拉按钮 ,可以控制画笔从画布拾取的油彩量。较高的设置会产生较长的绘画条痕,如图 3-29 所示(a)图"潮湿"为 100%、(b)图"潮湿"为 0 的效果。

(a)   (b)

图 3-29   潮湿对比效果

　　单击"载入"下拉按钮 载入: 75% ,可以从储槽中载入的油彩量。载入速率较低时,绘画描边干燥的速度会更快。

　　单击"混合"下拉按钮 混合: 90% ,可以控制画布油彩量与储槽油彩量的比例。当混合比例为 100% 时,所有油彩将从画布中拾取;当混合比例为 0 时,所有油彩都来自储槽。

　　单击"流量"下拉按钮 流量: 100% ,可以控制混合画笔的流量大小。

　　选中"对所有图层取样"复选框 对所有图层取样 ,可以拾取所有可见图层中的画布颜色。

3.2.6   仿制图章工具

　　利用仿制图章工具可将图像中颜色相似的某一部分图像复制到需要修补的区域。单击工具箱中的"仿制图章工具"按钮 ,其属性栏如图 3-30 所示。

模式: 正常   不透明度: 100%   流量: 100%   对齐   样本: 当前图层

图 3-30   "仿制图章工具"属性栏

　　选中"对齐"复选框 对齐 ,可以在图像中再次使用仿制图章工具时,所复制的图像与上次复制的图像相同。

　　单击"样本"下三角按钮 样本: 当前图层 ,可以选择仿制图章工具在图像中取样时应用于所有图层。

　　打开一幅图像,选择工具箱中的"仿制图章工具"按钮 ,按住 Alt 键将鼠标指针移至图像中需要复制(取样)处,当鼠标指针变为 形状时在图像中单击进行取样,再将鼠标指针移至图像中需要修补的位置单击并拖动,即可复制取样处的图像,如图 3-31 所示。

图 3-31   使用仿制图章工具复制图像效果

3.2.7　图案图章工具

图案图章工具是用图像的一部分或预置图案进行绘画。单击工具箱中的"图案图章工具"按钮，其属性栏如图 3-32 所示。

图 3-32　"图案图章工具"属性栏

单击右侧的下拉按钮，可在打开的预设图案面板中选择预设的图案样式，单击其中的任意一个图案，然后在图像中拖动鼠标即可复制图案。

选中"印象派效果"复选框，可使复制的图像效果类似于印象派艺术画效果。

用户可在预设图案中选择一种预设的图案样式，然后在图像中拖动鼠标填充所选的图案，也可自定义图案对图像进行填充。下面通过一个例子来介绍图案图章工具的使用方法，具体操作步骤如下。

（1）打开一幅图像，然后在图像中需要定义图案处创建选区，如图 3-33 所示。

图 3-33　在图像中创建选区

（2）选择"编辑"→"定义图案"命令，弹出"图案名称"对话框，如图 3-34 所示。

图 3-34　"图案名称"对话框

（3）在"名称"文本框中输入定义图案的名称，然后单击"确定"按钮，所定义的图案将被添加到属性栏中的预设图案面板中，如图 3-35 所示。

图 3-35　定义的图案

（4）选择新定义的图案，然后在图像或选区中拖动鼠标填充所定义的图案，按 Ctrl＋D 组合键取消选区，如图 3-36 所示。

图 3-36　使用图案图章工具为图像填充图案

3.3　图像的填充

图像的填充工具包括渐变工具、油漆桶工具和 3D 材质拖放工具 3 种，本节主要介绍灵活使用渐变工具和油漆桶工具，给图像填充各种不同的颜色效果，下面具体进行介绍。

3.3.1　渐变工具

利用渐变工具可以给图像或选区填充渐变颜色，单击工具箱中的"渐变工具"按钮 ，其属性栏如图 3-37 所示。

图 3-37　"渐变工具"属性栏

单击 右侧的下拉按钮，可在打开的渐变样式面板中选择需要的渐变样式。

单击 按钮，可以弹出"渐变编辑器"对话框，如图 3-38 所示，在其中用户可以自己编辑、修改或创建新的渐变样式。

在 按钮组中，可以选择渐变的方式，从左至右分别为线性渐变、径向渐变、角度渐变、对称渐变及菱形渐变，其效果如图 3-39 所示。

选中"反向"复选框 ，可产生与原来渐变相反的渐变效果。

选中"仿色"复选框 ，可以在渐变过程中产生色彩抖动效果，把两种颜色之间的像素混合，使色彩过渡得平滑一些。

选中"透明区域"复选框 ，可以设置渐变效果的透明度。

在"渐变工具"属性栏中设置好各选项后，在图像中或图像选区中需要填充渐变的地方单击并向一定的方向拖动，可画出一条两端带图标 的直线，此时释放鼠标，即可显示渐变效果，如图 3-40 所示。

技巧：若在拖动鼠标的过程中按住 Shift 键，则可按 45°、水平或垂直方向进行渐变填充。拖动鼠标的距离越大，渐变效果越明显。

图 3-38　"渐变编辑器"对话框

原图　　　线性渐变　　　径向渐变　　　角度渐变　　　对称渐变　　　菱形渐变

图 3-39　5 种渐变效果

图 3-40　渐变填充效果

3.3.2　油漆桶工具

　　利用油漆桶工具可以给图像或选区填充颜色或图案,单击工具箱中的"油漆桶工具"按钮 ,其属性栏如图 3-41 所示。

图 3-41   "油漆桶工具"属性栏

单击"前景"按钮 前景 右侧的下三角按钮，在弹出的下拉列表中可以选择填充的方式，选择"前景"按钮 前景 ，在图像中相应的范围内填充前景色，如图 3-42 所示；选择"图案"按钮 图案 ，在图像中相应的范围内填充图案，如图 3-43 所示。

图 3-42   前景色填充效果

图 3-43   图案填充效果

选择"不透明度"下拉按钮 不透明度: 100% ，可以设置填充内容的不透明度。

在"容差"文本框 容差: 32 中输入数值，可以设置在图像中的填充范围。

选中"消除锯齿"复选框 消除锯齿 ，可以使填充内容的边缘不产生锯齿效果，该选项在当前图像中有选区时才能使用。

选中"连续的"复选框 连续的 ，只在与鼠标落点处颜色相同或相近的图像区域中进行填充；否则，将在图像中所有与鼠标落点处颜色相同或相近的图像区域中进行填充。

选中"所有图层"复选框 所有图层 ，在填充图像时，系统会根据所有图层的显示效果将结果填充在当前层中，否则只根据当前层的显示效果将结果填充在当前层中。

3.4   图像的擦除

图像的擦除工具包括橡皮擦工具、背景橡皮擦工具、魔术橡皮擦工具 3 种，如图 3-44 所示。使用这些橡皮擦工具都可对图像中的局部图像进行擦除，可在不同的情况下使用不同的橡皮擦工具。

图 3-44   擦除工具组

3.4.1   橡皮擦工具

利用橡皮擦工具可以直接对图像以及图像中的颜色进行擦除。如果在背景层上擦除图像,则被擦除的区域颜色变为背景色。单击工具箱中的"橡皮擦工具"按钮,其属性栏如图 3-45 所示。

图 3-45 "橡皮擦工具"属性栏

单击![]按钮,可在打开的画笔面板中设置笔触的不透明度、渐隐和湿边等参数。

在"模式"下拉三角按钮![]中,可以选择橡皮擦擦除的笔触模式,包括画笔、铅笔和块 3 种。

选中"抹到历史记录"复选框![],可将擦除的图像恢复到未擦除前的状态。

在属性栏中设置好各选项后,将鼠标指针移至要擦除的位置,按住鼠标左键来回拖动即可擦除图像。图 3-46 所示为擦除背景图层的图像效果。

图 3-46 利用橡皮擦工具擦除图像

3.4.2 背景橡皮擦工具

利用背景橡皮擦工具对图像中的背景层或普通图层进行擦除,可将背景层或普通图层擦除为透明图层。单击工具箱中的"背景橡皮擦工具"按钮![],其属性栏如图 3-47 所示。

图 3-47 "背景橡皮擦工具"属性栏

在"取样"按钮组![]中,可以选择颜色取样的模式,从左至右分别是连续、一次、背景色板 3 种模式。

对"取样"按钮组的说明如下。

- 连续![]:擦除过程中自动选择的颜色为标本色,此选项用于抹去不同颜色的相邻范围。
- 一次![]:擦除时首先在要擦除的颜色上单击选定标本色,这时标本色已固定,然后在图像上擦除与标本色相同的颜色范围,每次单击固定标本色只能做一次连续的擦除。如果想继续擦除,就必须再单击固定标本色。
- 背景色板![]:也就是擦除前选定好背景色,即选定好标本色,然后就可以擦除与背景色颜色相同的色彩范围。

在"限制"下拉列表 限制：连续 ↕ 中，可以选择背景橡皮擦工具擦除的图像范围。

在"容差"文本框 容差：50% ▾ 中输入数值，可以设置在图像中要擦除颜色的精度。数值越大可擦除颜色的范围就越大，数值越小可擦除颜色的范围就越小。

选中"保护前景色"复选框 ☑ 保护前景色 ，在擦除时图像中与前景色相匹配的区域将不被擦除。

背景橡皮擦工具与橡皮擦工具擦除图像的方法相同，图 3-48 所示为背景橡皮擦擦除图像效果。

图 3-48　利用背景橡皮擦工具擦除图像

注意：使用背景橡皮擦工具进行擦除时，如果当前层是背景层，系统就会自动将其转换为普通层。

3.4.3　魔术橡皮擦工具

利用魔术橡皮擦工具可以擦除图层中具有相似颜色的区域，并以透明色替代被擦除的区域。单击工具箱中的"魔术橡皮擦工具"按钮 ，其属性栏如图 3-49 所示。

图 3-49　"魔术橡皮擦工具"属性栏

选中"消除锯齿"复选框 ☑ 消除锯齿 ，表示擦除后的图像边缘显示为平滑状态。

选中"连续"复选框 ☑ 连续 ，表示只擦除与鼠标单击处颜色相似的在容差范围内的区域。

单击"不透明度"下拉按钮 不透明度：100% ▾ ，可以设置擦除颜色的不透明度，值为 100％时，将完全擦除像素，较低的值可以擦除部分像素。

在属性栏中设置好各选项后，在图像中需要擦除的地方单击即可擦除图像，效果如图 3-50 所示。

图 3-50　利用魔术橡皮擦工具擦除图像

3.5   图像的修饰

Photoshop CC 提供了一些图像的修饰工具,利用这些工具可对图像进行各种修饰操作,下面具体进行介绍。

3.5.1   污点修复画笔工具

污点修复画笔工具是 Photoshop CS5 后新增的工具,该工具可以快速地移去图像中的污点和其他不理想部分,以达到令人满意的效果。单击工具箱中的"污点修复画笔工具"按钮,其属性栏如图 3-51 所示。

图 3-51   "污点修复画笔工具"属性栏

选择"模式"下拉三角按钮,可以选择修复时的混合模式。

选中"内容识别"按钮,可以使用选区周围的像素进行修复。

选中"创建纹理"按钮,将使用选区中的所有像素创建一个用于修复该区域的纹理。

选中"近似匹配"按钮,将使用选区周围的像素来查找需要被修补的图像区域。

在属性栏中设置好各选项后,在要去除的瑕疵上单击或拖曳鼠标,即可将图像中的瑕疵消除,而且被修改的区域可以无缝混合到周围图像环境中。图 3-52 所示为应用污点修复画笔工具修复图像中瑕疵的效果。

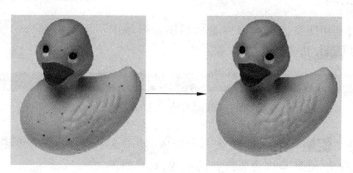

图 3-52   利用污点修复画笔工具修复图像

3.5.2   修复画笔工具

利用修复画笔工具可对图像中的折痕部分进行修复,其功能与仿制图章工具相似,也可在图像中取样对其进行修复,唯一不同的是修复画笔工具可以将取样处的图像像素溶入修复的图像区域中。单击工具箱中的"修复画笔工具"按钮,其属性栏如图 3-53 所示。

提示:取样时按住 Alt 键,当鼠标指针变成 ⊕ 形状时,单击鼠标,取样完成,然后在图像的其他部位涂抹。

图 3-53 "修复画笔工具"属性栏

选中"取样"按钮 取样 ,可以将图像中的一部分作为样品进行取样,用来修复图像的另一部分,并将取样部分与图案融合部分用一种颜色模式混合,效果如图 3-54 所示。

选中"图案"按钮 图案: ,然后单击回按钮,在弹出的下拉列表中选择一种图案,直接在图像中拖动鼠标进行涂抹,也可以创建选区后进行涂抹,效果如图 3-55 所示。

图 3-54 取样修复

图 3-55 图案修复

选中"对齐"复选框 ✓对齐 ,可以连续对像素进行取样,即使释放鼠标,也不会丢失当前的取样点;不选中对齐复选框,则会在每次停止并重新开始绘制时使用初始取样点中的样本像素。

3.5.3 修补工具

修补工具可利用图案或样本来修复所选图像区域中不完美的部分。单击工具箱中的"修补工具"按钮 ⬚ ▾,其属性栏如图 3-56 所示。

图 3-56 "修补工具"属性栏

选中"源"按钮 源 ,在图像中创建一个选区,如图 3-57 所示,用鼠标将该区域向下拖动,在图中可以看出,选区是作为要修补的区域,效果如图 3-58 所示。

图 3-57 拖动"源"

图 3-58 修补效果

选中"目标"按钮 目标 ，同样在图像中创建一个选区，拖动选区，如图 3-59 所示，在图中可以看出，选区是作为用于修补的区域，效果如图 3-60 所示。

图 3-59 拖动"源"　　　　　　　　　　　图 3-60 修补效果

如果图像中有选区，在属性栏中单击 按钮，在弹出的下拉列表中选择一种图案，然后单击"使用图案"按钮，需要修补的选区就会被选定的图案完全填充，效果如图 3-61 所示。

图 3-61 利用图案修补图像选区

3.5.4　内容感知移动工具

利用内容感知移动工具可以将选中的对象移动或复制到图像的其他地方，并重组与混合图像，单击工具箱中的"内容感知移动工具"按钮 ，其属性栏如图 3-62 所示。

图 3-62　"内容感知移动工具"属性栏

在"模式"下拉列表 模式：移动 中可以选择"移动"和"扩展"两种模式，当选中"移动"模式，则用"内容感知移动工具"创建选区以后（见图 3-63），将选区移动到其他位置，可以将选区中的图像移动到新位置，并用选区图像填充该位置，效果如图 3-64 所示；当选中"扩展"模式，则用"内容感知移动工具"创建选区以后，将选区移动到其他位置，可以将选区中的图像复制到新位置，如图 3-65 所示。

图 3-63 选择选区　　　　　　　　图 3-64 利用内容感知移动工具

图 3-65　利用内容感知移动工具

3.5.5　红眼工具

利用红眼工具可以去除闪光灯导致的红色反光,单击工具箱中的"红眼工具"按钮 ，其属性栏如图 3-66 所示。

图 3-66　"红眼工具"属性栏

选中"瞳孔大小"下拉按钮 ，可以改变瞳孔的大小,即眼睛暗色中心的大小。选中"变暗量"下拉按钮 ，可以设置瞳孔的暗度。

3.5.6　模糊工具

利用模糊工具可以使图像像素之间的反差缩小,从而获得调和、柔化的效果。单击工具箱中的"模糊工具"按钮 ，其属性栏如图 3-67 所示。

图 3-67　"模糊工具"属性栏

在属性栏中设置好各选项后,单击并在图像中涂抹可以使图像边缘或选区中的图像变得模糊,效果如图 3-68 所示。

图 3-68　模糊图像效果

注意:在使用模糊工具处理图像时,确定模糊处理的对象是非常重要的;否则,凡是鼠标指针经过的区域都会受到模糊工具的影响。

3.5.7　锐化工具

锐化工具与模糊工具刚好相反,该工具可以使图像像素之间的反差加大,从而使图像变得更清晰。单击工具箱中的"锐化工具"按钮 ，其属性栏中的选项与使用方法都与模糊工具相同,这里不再赘述。图 3-69 所示为锐化图像效果。

图 3-69　锐化图像效果

3.5.8　涂抹工具

利用涂抹工具可以将涂抹区域中的像素与颜色沿鼠标拖动的方向扩展,形成类似在湿颜料中拖移手指后的绘画效果。单击工具箱中的"涂抹工具"按钮 ，其属性栏如图 3-70 所示。

图 3-70　"涂抹工具"属性栏

在属性栏中选中"手指绘画"复选框 ，可以用前景色对图像进行涂抹处理,并逐渐过渡到图像的颜色,类似于用手指混合并搅拌图像中的颜色,效果如图 3-71 所示。

图 3-71　涂抹图像效果

3.5.9　减淡工具

利用减淡工具可以增加图像的曝光度,使图像颜色变浅、变淡。单击工具箱中的"减淡工具"按钮 ，其属性栏如图 3-72 所示。

图 3-72 "减淡工具"属性栏

在"范围"下拉列表中可以选择减淡工具所用的色调,包括"高光""中间调"和"阴影"3 个选项。其中,"高光"选项用于调整高亮度区域的亮度;"中间调"选项用于调整灰度区域的亮度;"阴影"选项用于调整阴影区域的亮度。

在"曝光度"下拉列表中可以调整图像曝光的强度,数值越大,亮化处理的效果越明显。

选中"保护色调"复选框,可以保护图像的色调不受影响。

在属性栏中设置好各选项后,在图像中单击并拖动鼠标,即可增加图像的曝光度,效果如图 3-73 所示。

图 3-73 减淡图像效果

3.5.10 加深工具

利用加深工具可以降低图像的曝光度,使图像的颜色变深,变得更加鲜艳。单击工具箱中的"加深工具"按钮,其使用方法及属性栏设置都与减淡工具相同,这里不再赘述。图 3-74 所示为加深图像颜色效果。

图 3-74 加深图像颜色效果

3.5.11 海绵工具

利用海绵工具可以精确地更改图像区域的色彩饱和度,在某个区域绘制的次数越多,该区域就会变得越暗。在灰度模式下,该工具通过使灰阶远离或靠近中间调来增加或降低对比度。单击工具箱中的"海绵工具"按钮 ，其属性栏设置如图 3-75 所示。

图 3-75　"海绵工具"属性栏

在"模式"下拉列表 模式：去色 中可以选择更改颜色的模式，包括"去色"和"加色"两种模式。选择"去色"模式可减弱图像颜色的饱和度；选择"加色"模式可加强图像颜色的饱和度。图 3-76 所示为使用"加色"模式修饰图像的效果。

图 3-76　加强图像色彩饱和度效果

3.6　任务实现

3.6.1　任务 1　制作光盘正面

利用所学的知识制作光盘正面，操作步骤如下。

(1) 按 Ctrl+O 组合键，打开一幅图像文件，如图 3-77 所示。

图 3-77　打开的图像文件

(2) 新建"图层 1"，设置前景色为灰色（R：189，G：190，B：192），然后单击工具箱中的"椭圆选框工具"按钮，按住 Shift 键，在打开的图像中拖动鼠标绘制一个正圆形选区，按 Alt+Delete 组合键进行填充，效果如图 3-78 所示。

(3) 选择"选择"→"变换选区"命令，调整选区大小，效果如图 3-79 所示。

图 3-78　绘制并填充正圆形选区　　　　　图 3-79　变换选区效果

（4）按 Enter 键确认变换操作，单击工具箱中的"渐变工具"按钮 ，在其属性栏中选择"透明彩虹渐变"类型，如图 3-80 所示，再单击"角度渐变"按钮 ，从选区的中心向右下角拖动鼠标，效果如图 3-81 所示。

图 3-80　透明彩虹渐变　　　　　图 3-81　渐变填充效果

（5）再利用"变换选区"命令对选区进行缩小调整，如图 3-82 所示。
（6）按 Enter 键确认变换操作，按 Alt＋Delete 组合键进行填充，将其填充为灰色，效果如图 3-83 所示。

图 3-82　变换选区大小　　　　　图 3-83　填充选区效果

（7）再利用"变换选区"命令对选区进行缩小调整，如图 3-84 所示。

（8）按 Enter 键确认变换操作，按 Delete 键删除，按 Ctrl＋D 组合键取消选区，最终效果如图 3-85 所示。

图 3-84　缩小选区

图 3-85　效果图

3.6.2　任务 2　制作光盘背面

利用所学的知识制作光盘背面，操作步骤如下。

（1）选择"文件"→"新建"命令，弹出"新建"对话框，设置参数如图 3-86 所示。单击"确定"按钮，创建一个新的图像文件。

图 3-86　"新建"对话框

（2）设置前景色为黑色，按 Alt＋Delete 组合键进行填充，再按 Ctrl＋R 组合键，在图像文件中显示标尺，然后利用鼠标拖曳出两条相互垂直的直线，效果如图 3-87 所示。

（3）单击"图层"面板底部的"创建新图层"按钮 ，新建"图层 1"，单击工具箱中的"椭圆选框"工具 ，以两条垂直线的交点为圆心，按住 Alt＋Shift 组合键拖动鼠标在图像中绘制出一个正圆形，将其填充为白色，按 Ctrl＋D 组合键取消选区，效果如图 3-88 所示。

（4）按 Ctrl＋O 组合键，打开一幅图像文件，如图 3-89 所示。

图 3-87　显示标尺和辅助线

图 3-88　绘制的正圆效果

图 3-89　打开图像文件

（5）单击工具箱中的"移动工具"按钮 ，将其拖曳到新建图像中，"图层"面板中自动生成"图层 2"，然后按 Ctrl＋T 组合键，调整其大小及位置，效果如图 3-90 所示。

图 3-90　调整图像大小及位置

（6）单击选中"图层 2"，然后在按住 Ctrl 键的同时单击"图层 1"，载入正圆选区，效果如图 3-91 所示。

图 3-91　载入正圆选区

（7）按 Ctrl＋Shift＋I 组合键反选选区，按 Delete 键删除选区内的图像，按 Ctrl＋D 组合键取消选区，效果如图 3-92 所示。

（8）新建"图层 3"，再次单击工具箱中的"椭圆选框工具" ，用刚才绘制正圆的方法再绘制一个同心圆，将前景色设置为灰色（R：211，G：208，B：208），按 Alt＋Delete 组合键进行填充，此时的图像效果如图 3-93 所示。

（9）再选择"选择"→"变换选区"命令，在选区周围会出现变换选区调节框，如图 3-94 所示。

图 3-92   删除选区内的图像

图 3-93   建立圆形选区并填充

图 3-94   变换选区调节框

（10）按住 Alt＋Shift 组合键，用鼠标在其中任意一个拐角处拖动，都可以对选区进行变换。变换完成后按 Enter 键，可以确认变换的选区，效果如图 3-95 所示。

图 3-95　变换选区效果

（11）新建"图层 4"，将前景色设置为灰色（R:175,G:176,B:176），按 Alt＋Delete 组合键进行填充。按 Ctrl＋D 组合键取消选区，效果如图 3-96 所示。

图 3-96　填充并取消选区效果

（12）在"图层"面板中单击"图层 4"并将其拖动至"图层 1"的下方，效果如图 3-97 所示。

（13）重复步骤（10）、（11），将圆形选区再次变换，效果如图 3-98 所示。

（14）按 Enter 键确定选区，将"图层 1""图层 2""图层 3"和"图层 4"合并起来，命名为"图层 1"，按 Delete 键删除选区内的图像，按 Ctrl＋D 组合键取消选区，效果如图 3-99 所示。

图 3-97　效果图及"图层"面板

图 3-98　再次变换圆形选区

图 3-99　删除选区效果

（15）再次按 Ctrl＋R 组合键，隐藏标尺，按 Ctrl＋H 组合键隐藏辅助线。

（16）按 Ctrl＋O 组合键，打开一幅图像文件，如图 3-100 所示。

（17）将打开图像中的内容选取，然后复制到新建图像中，在"图层"面板中自动生成"图层 2""图层 3""图层 4"，调整大小及其位置，效果如图 3-101 所示。

图 3-100   打开图像文件

图 3-101   复制并调整图像

（18）单击工具箱中的"文字工具"按钮 T，其属性栏如图 3-102 所示，将字体设置为红色。

图 3-102   "文字工具"属性栏

（19）在新建图像中分别输入文字"全球最佳的图形图像编辑标准"、Photoshop CS v8.01、"官方原厂中文版"，并在属性栏中调整到适当的大小。最终效果如图 3-103 所示。

图 3-103   最终效果图

小结

本章主要介绍了各种绘图和修饰工具的功能与使用方法，通过学习，读者应该掌握各种绘图工具与修饰工具的具体使用方法和技巧，并且学会在 Photoshop CC 中获取所需的图像颜色，从而制作出具有视觉艺术感的图像。

习题

（1）打开如图 3-104(a)所示的图像，将其中的背景色去掉，效果如图 3-104(b)所示。

(a)　　　　　　　　　　　(b)

图 3-104　去掉图像背景色

（2）利用红眼工具去除女子的红眼。使用加深工具和减淡工具改变草地、人物的衣服、背景、草地高光、背景高光的颜色，效果如图 3-105 所示。

图 3-105　利用红眼工具去除红眼

第 4 章

调整图像的颜色

Photoshop CC 拥有丰富而强大的颜色调整功能,使用 Photoshop CC 的"曲线""色阶"等命令可以轻松调整图像的色相、饱和度、对比度和亮度,修正有色彩失衡、曝光不足或曝光过度等缺陷的图像,甚至能为黑白图像上色,调整出光怪陆离的特殊图像效果。

学习要点

1. 图像色彩模式

2. 应用色彩和色调命令

3. 应用特殊色调

学习任务

任务 1　卡通画上色

任务 2　纠正图像色调

4.1　图像色彩模式

色彩模式是指同一属性下的不同颜色的集合。它的功能在于方便用户使用各种颜色,而不必每次使用颜色时都重新调配。Photoshop CC 为用户提供的色彩模式有十余种,每一种模式都有自己的优缺点和适用范围,并且可以根据需要在各种模式之间进行转换。

4.1.1　色彩的一些基本概念

在 Photoshop CC 中需要经常接触色相、饱和度、亮度和对比度这几个概念,用户应该清楚地认识它们,以便在设计中灵活运用

(1)色相是指从物体反射或透过物体显示的颜色。在通常情况下,色相以颜色名称标识,如红色、绿色和蓝色等。

(2)饱和度是指颜色的强度或纯度。它表示色相中灰色部分所占的比例,使用从灰色至完全饱和的百分比来度量。

(3)亮度是指色彩明暗的程度

(4)对比度是指一幅画中不同颜色的差异程度,通常使用从黑色至白色的百分比来度量。

4.1.2　常用色彩模式

在 Photoshop CC 中,常用的色彩模式有 RGB 模式、CMYK 模式、Lab 模式、灰度模式、

位图模式和索引颜色模式等。

1. RGB 模式

RGB 模式是 Photoshop CC 中最常用的一种色彩模式,在这种色彩模式下图像占据空间比较小,而且还可以使用 Photoshop CC 中所有的滤镜和命令。

RGB 模式下的图像有 3 个颜色通道,分别为红色通道(Red)、绿色通道(Green)和蓝色通道(Blue),每个通道的颜色被分为 256(0~255)个亮度级别,在 Photoshop CC 中每个像素的颜色都是由这 3 个通道共同决定的结果,所以每个像素都有 256^3(1677 万)种颜色可供选择。

RGB 模式的图像不能直接转换为位图色彩模式和双色调色彩模式图像,要把 RGB 模式先转换为灰度模式,再由灰度模式转换为位图色彩模式。

注意:RGB 模式一般不用于打印,因为它的有些色彩已经超出了打印的范围,在打印一幅真彩色的图像时,就会损失一部分亮度,且比较鲜艳的色彩会失真。在打印时,系统会自动将 RGB 模式转换为 CMYK 模式,而 CMYK 模式所定义的色彩要比 RGB 模式定义的色彩少很多,因此会损失一部分颜色,出现打印后失真的现象。

2. CMYK 模式

CMYK 模式是彩色印刷时使用的一种颜色模式,由 Cyan(青)、Magenta(洋红)、Yellow(黄)和 Black(黑)4 种色彩组成。为了避免和 RGB 三基色中的 Blue(蓝色)发生混淆,其中的黑色用 K 来表示。在平面美术中经常用到 CMYK 模式。

3. Lab 模式

Lab 模式是由国际照明委员会制定的一套标准,它有 3 个颜色通道,一个代表亮度,用 L 表示,亮度的范围为 0~100;其余两个代表颜色范围,用 a 和 b 表示,a 通道颜色范围是由绿色渐变至红色,b 通道颜色范围是由蓝色渐变至黄色。a 通道和 b 通道的颜色范围都为 −120~120。

4. 灰度模式

灰度模式中只存在灰度,最多可达 256 级灰度,当一个彩色文件被转换为灰度模式时,Photoshop CC 会将图像中与色相及饱和度等有关的色彩信息消除掉,只留下亮度。

注意:虽然 Photoshop CC 允许将一个灰度模式图像转换为彩色模式,但不会拥有颜色信息。

5. 位图模式

位图模式是指由黑、白两种像素组成的图像模式,它有助于控制灰度图的打印。只有灰度模式或多通道模式的图像才能转换为位图模式。因此,要把 RGB 模式转换为位图模式,应先将其转换为灰度模式,再由灰度模式转换为位图模式。

6. 索引颜色模式

索引颜色模式又叫作映射色彩模式,该模式的像素只有 8 位,即图像只能含有 256 种颜色。这些颜色是预先定义好的,组织在一张颜色表中,当用户从 RGB 模式转换到索引颜色模式时,RGB 模式中的颜色将映射到这 256 种颜色中。因为该模式下的文件较小,所以被较多地应用于多媒体文件和制作网页图像。

4.2　应用色彩和色调命令

应用图像的色彩和色调调整命令可以调整图像的明暗程度，还可以制作出多种色彩效果。Photoshop CC 提供了许多色彩和色调调整命令，它们都包含在"图像"→"调整"子菜单中，用户可以根据自己的需要来选择合适的命令。本节将使用如图 4-1 所示的图像为例来进行调整。

图 4-1　打开的示例图像文件

4.2.1　色阶

利用"色阶"命令可以调整图像的色彩明暗程度及色彩的反差效果，具体的使用方法如下。

（1）选择"图像"→"调整"→"色阶"命令，弹出"色阶"对话框，如图 4-2 所示。

图 4-2　"色阶"对话框

（2）在"通道"下拉列表中可选择需要调整的图像通道；"输入色阶"选项用于设置图像中选定区域的最亮和最暗的色彩；"输出色阶"选项用于设置图像的亮度范围；$\mathscr{I}$ $\mathscr{I}$ $\mathscr{I}$ 按钮组中包含了 3 个吸管工具，从左到右分别为"设置黑色吸管工具""设置灰色吸管工具""设置白色吸管工具",选择其中的任意一个工具在图像中单击,图像中与单击点处颜色相同的颜色都会随之改变。

(3) 设置完成后,单击"确定"按钮,效果如图 4-3 所示。

图 4-3　利用"色阶"命令调整图像效果

4.2.2　自动颜色

利用"自动颜色"命令可自动对图像的色彩进行调整,不弹出参数设置对话框,具体的使用方法如下。

选择"图像"→"调整"→"自动颜色"命令,调整颜色后的效果如图 4-4 所示。

图 4-4　利用"自动颜色"命令调整图像效果

4.2.3　曲线

利用"曲线"命令可以综合调整图像的亮度、对比度和色彩等。读者可以通过调整对话框中的曲线来对图像进行调整,具体的使用方法如下。

(1) 选择"图像"→"调整"→"曲线"命令,弹出"曲线"对话框,如图 4-5 所示。

(2) 该对话框中的曲线默认为"直线"状态,在此状态下,将曲线向顶部移动可以调整图像的高光部分;将曲线向中间的点移动可以调整图像的中间调;将曲线向底部移动可以调整图像的暗调。

(3) 图 4-6 所示为调整图像中的暗调部分效果。

图 4-5 "曲线"对话框

图 4-6 曲线参数设置及效果图

- 预设：在预设下拉列表中共有 9 种曲线预设效果，分别是彩色负片、反冲、较暗、增中对比度、较亮、线性对比度、中对比度、负片和强对比度。
- "预设"按钮 ⚙：单击该按钮，可以对当前设置的参数进行保存，或载入一个外部的预设调整文件。
- 通道：显示当前图像文件色彩模式，可从中选择单色通道对单一的色彩进行调整。
- "编辑点修改曲线"按钮 〜：是系统默认的曲线工具。单击该按钮后，可以通过拖动曲线上的调节点来调整图像的色调。
- "通过绘制修改曲线"按钮 ✎：单击该按钮，可在曲线图像中绘制自由形状的色调曲线。
- "平滑"按钮 平滑(M)：使用"通过绘制来修改曲线"按钮 ✎ 绘制出曲线以后，单击"平滑"按钮，可以对曲线进行平滑处理。

- "在曲线上单击并拖动修改曲线"按钮 ：选择该工具以后,将光标放在图像上,曲线上会出现一个圆圈,表示光标处的色调在曲线上的位置,在图像上单击并拖曳鼠标左键可以添加控制点以调整图像的色调。
- 输入/输出:"输入"即"输入色阶",显示的是调整前的像素值;"输出"即"输出色阶",显示的是调整后的像素值。
- "自动"按钮 自动(A) ：单击该按钮,可以对图像应用"自动色调""自动对比度""自动颜色"校正。
- 显示数量:包含"光(0~255)"和"颜料/油墨%"两种显示方式。
- "以 1/4 色调增量显示简单网格"按钮 单击"以 1/4 色调增量显示简单网格"按钮 ,可以以 1/4(即 25%)的增量来显示网格,这种网格比较简单。
- "以 10%增量显示详细网格"按钮 ：单击"以 10%增量显示详细网格"按钮 ,可以以 10%的增量来显示网格,这种网格更加精细。
- 通道叠加:可以在复合曲线上显示颜色通道。
- 直方图:可以在曲线上显示直方图以作为参考。
- 基线:可以显示基线曲线值的对角线。
- 交叉线:可以显示用于确定点的精确位置的交叉线。

4.2.4　色彩平衡

利用"色彩平衡"命令可以调整图像中的各色彩之间的平衡度,还可以混合不同的色彩来增加图像的色彩平衡效果,具体的使用方法如下。

(1) 选择"图像"→"调整"→"色彩平衡"命令,弹出"色彩平衡"对话框,如图 4-7 所示。

(2) 在"色彩平衡"选项区中可以调整整个图像的色彩平衡效果;在"色调平衡"选项区中可以选择调整图像的"阴影""中间调""高光"3 个部分。选中"保持明度"复选框,可以保护图像中的明度值在调整图像时不被更改。

(3) 设置完成后,单击"确定"按钮,效果如图 4-8 所示。

图 4-7　"色彩平衡"对话框

图 4-8　利用"色彩平衡"命令调整图像效果

4.2.5　亮度/对比度

利用"亮度/对比度"命令可对图像的色调范围进行简单的调整,但是该命令对单一的通道不起作用,所以该调整命令不适合用于高精度输出图像,具体的使用方法如下。

（1）选择"图像"→"调整"→"亮度/对比度"命令，弹出"亮度/对比度"对话框，如图 4-9 所示。

（2）在"亮度"文本框中输入数值可设置图像的亮度；在"对比度"文本框中输入数值可设置图像的对比度。

（3）设置完成后，单击"确定"按钮，效果如图 4-10 所示。

图 4-9　"亮度/对比度"对话框

图 4-10　利用"亮度/对比度"命令调整图像效果

4.2.6　色相/饱和度

利用"色相/饱和度"命令可调整图像中特定颜色成分的色相、饱和度和亮度，具体的使用方法如下。

（1）选择"图像"→"调整"→"色相/饱和度"命令，弹出"色相/饱和度"对话框，如图 4-11 所示。

图 4-11　"色相/饱和度"对话框

（2）在"色相"文本框中输入数值可调整图像的色彩；在"饱和度"文本框中输入数值可增大或减少颜色的饱和度成分；在"明度"文本框中输入数值可调整图像的明亮程度；选中"着色"复选框，可以给图像添加不同程度的单一颜色。

（3）设置完成后，单击"确定"按钮，效果如图 4-12 所示。

图 4-12　利用"色相/饱和度"命令调整图像效果

- 预设：在"预设"下拉列表中提供了 8 种"色相/饱和度"预设，分别是氰版照相、进一步增加饱和度、增加饱和度、旧样式、红色提升、深褐、强饱和度和黄色提升。
- "预设"按钮 ✿：单击该按钮，可以对当前设置的参数进行保存或载入一个外部的预设调整文件。
- 全图 ⬍：在"全图"下拉列表中可以选择全图、红色、黄色、绿色、青色、蓝色和洋红通道进行调整。选择好通道以后，拖曳下面的色相、饱和度和明度的滑块，可以对该通道的色相、饱和度和明度进行调整。
- "在图像上单击并拖动可修改饱和度"按钮 🖑：使用该工具在图像上单击设置取样点以后，向右拖曳鼠标可以增加图像的饱和度，向左拖曳鼠标可以降低图像的饱和度。
- 着色：选中该选项后，图像会整体偏向于单一的色调。另外，还可以通过拖曳 3 个滑块来调节图像的色调。

4.2.7　去色

利用"去色"命令可将彩色图像中的所有彩色成分全部去掉，将其转换为相同色彩模式的灰度图像。

选择"图像"→"调整"→"去色"命令，去掉颜色后的效果如图 4-13 所示。

图 4-13　利用"去色"命令调整图像效果

4.2.8 可选颜色

利用"可选颜色"命令可以精细地调整图像中的颜色或色彩的不平衡度。此命令主要利用 CMYK 模式来对图像的颜色进行调整。具体的使用方法如下。

（1）选择"图像"→"调整"→"可选颜色"命令，弹出"可选颜色"对话框，如图 4-14 所示。

（2）在"颜色"下拉列表中可选择需要调整的颜色，然后在下面的颜色中进行调整，可以调整颜色中青色、洋红、黄色和黑色等所占的百分比；"方法"选项区中包括"相对"和"绝对"两个单选按钮，选择"相对"方式，可以根据颜色总量的百分比来修改青色、洋红、黄色和黑色等的数量；选择"绝对"方式，可以采用绝对值来调整颜色。

（3）设置完成后，单击"确定"按钮，效果如图 4-15 所示。

图 4-14 "可选颜色"对话框

图 4-15 利用"可选颜色"命令调整图像效果

4.2.9 渐变映射

利用"渐变映射"命令可将图像颜色调整为选定的渐变图案颜色效果，具体的使用方法如下。

（1）选择"图像"→"调整"→"渐变映射"命令，弹出"渐变映射"对话框，如图 4-16 所示。

图 4-16 "渐变映射"对话框

（2）在"灰度映射所用的渐变"选项下拉列表中可选择相应的渐变样式来对图像颜色进行调整；选中"仿色"复选框，Photoshop CC 会添加一些随机的杂色来平滑渐变效果；选中

"反向"复选框,可将选择的渐变颜色进行反向填充。

(3)设置完成后,单击"确定"按钮,效果如图 4-17 所示。

图 4-17   利用"渐变映射"命令调整图像效果

4.2.10   照片滤镜

利用"照片滤镜"命令调整图像产生的效果,类似于真实拍摄照片时使用颜色滤镜所产生的效果,具体的使用方法如下。

(1)选择"图像"→"调整"→"照片滤镜"命令,弹出"照片滤镜"对话框,如图 4-18 所示。

(2)选中"滤镜"单选按钮,在其后的下拉列表中可选择颜色调整的过滤模式;选中"颜色"单选按钮,可在拾色器中选择颜色来定义滤镜的颜色;在"浓度"选项中可设置应用到图像中色彩的百分比;选中"保留亮度"复选框,在调整图像颜色时可以保留图像的原来亮度。

(3)设置完成后,单击"确定"按钮,效果如图 4-19 所示。

图 4-18   "照片滤镜"对话框

图 4-19   利用"照片滤镜"命令调整图像效果

4.2.11   阴影/高光

利用"阴影/高光"命令不只是简单将图像变亮或变暗,还可通过运算对图像的局部进行明暗处理,具体的使用方法如下。

(1)选择"图像"→"调整"→"阴影/高光"命令,弹出"阴影/高光"对话框,如图 4-20 所示。

图 4-20　"阴影/高光"对话框

　　(2) 在"阴影"选项中可设置图像的暗调部分的百分比;在"高光"选项中可设置图像的高光部分百分比;选中"显示更多选项"复选框,可弹出"阴影/高光"对话框中的其他选项,如图 4-21 所示。

图 4-21　扩展后的"阴影/高光"对话框

- 阴影:"数量"选项用来控制阴影区域的亮度,值越大,阴影区域就越亮;"色调"选项用来控制色调的修改范围,值越小,修改的范围就只针对较暗的区域;"半径"选项用来控制像素是在阴影中还是在高光中。
- 高光:"数量"选项用来控制高光区域的黑暗程度,值越大,高光区域越暗;"色调"选项用来控制色调的修改范围,值越小,修改的范围就只针对较亮的区域;"半径"选项用来控制像素是在阴影中还是在高光中。
- 调整:"颜色"选项用来调整已修改区域的颜色;"中间调"选项用来调整中间调的对比度;"修剪黑色"和"修剪白色"决定了在图像中将多少阴影和高光剪到新阴影中。
- "存储默认值"按钮 存储默认值(V) :如果要将对话框中的参数设置存储为默认值,可以单击该按钮。存储为默认值以后,再次打开"阴影/高光"对话框时,就会显示该参数。
- 显示更多选项:选中该选项后,可以显示"阴影/高光"的完整选项,如图 4-21 所示。

（3）设置完成后，单击"确定"按钮，效果如图 4-22 所示。

图 4-22　利用"阴影/高光"命令调整图像效果

4.2.12　曝光度

曝光度专门用于调整 HDR 图像的曝光效果，它是通过在线性颜色空间（而不是当前颜色空间）执行计算而得出的曝光效果。

（1）选择"图像"→"调整"→"曝光度"命令，弹出"曝光度"对话框，如图 4-23 所示。

（2）在"曝光度"文本框输入数值，"位移"文本框输入数值，"灰度系数校正"文本框输入数值，单击"确定"按钮，效果如图 4-24 所示。

图 4-23　"曝光度"对话框　　　　图 4-24　利用"曝光度"命令执行效果

- 预设：Photoshop CC 预设了 4 种曝光效果，分别是减 1.0、减 2.0、加 1.0 和加 2.0。
- ⚙：单击该按钮，可以对当前设置的参数进行保存，或载入一个外部的预设调整文件。
- 曝光度：向左拖曳滑块，可以降低曝光效果；向右拖曳滑块，可以增强曝光效果。
- 位移：该选项主要对阴影和中间调起作用，可以使其变暗，但对高光基本不会产生影响。
- 灰度系数校正：使用一种乘方函数来调整图像的灰度系数。

4.3　应用特殊色调

"特殊色调"命令可以使图像产生特殊的效果，包括反相、色调均化、阈值和色调分离 4 个命令。本节将使用如图 4-25 所示的图像为例来进行调整。

图 4-25　打开的示例图像文件

4.3.1　反相

利用"反相"命令可将图像中的色彩调整为和原色互补的颜色,具体的操作方法如下。

选择"图像"→"调整"→"反相"命令,利用"反相"命令调整图像后的效果如图 4-26 所示。

图 4-26　利用"反相"命令调整图像效果

4.3.2　阈值

利用"阈值"命令可将一个彩色或灰度的图像转换为高对比度的黑白图像,具体的操作方法如下。

(1) 选择"图像"→"调整"→"阈值"命令,弹出"阈值"对话框,如图 4-27 所示。

图 4-27　"阈值"对话框

（2）在"阈值色阶"文本框中输入数值可设置图像中像素的黑白颜色。

（3）设置完成后，单击"确定"按钮，效果如图 4-28 所示。

图 4-28　利用"阈值"命令调整图像效果

4.3.3　色调均化

利用"色调均化"命令可以平均分布图像中的亮度值，使图像中的亮度更加平衡，图像更加清晰，具体的操作方法如下。

选择"图像"→"调整"→"色调均化"命令，利用"色调均化"命令调整图像后的效果如图 4-29 所示。

图 4-29　利用"色调均化"命令调整图像效果

4.3.4　色调分离

利用"色调分离"命令可指定图像中单个通道的亮度值数量，然后将这些像素映射为最接近的匹配颜色。该命令在对灰度图像调整时效果最为明显，具体的操作方法如下。

（1）选择"图像"→"调整"→"色调分离"命令，弹出"色调分离"对话框，如图 4-30 所示。

图 4-30　"色调分离"对话框

（2）在"色阶"文本框中输入数值可设置色阶的数量，以 256 阶的亮度对图像中的像素亮度进行分配

（3）设置完成后，单击"确定"按钮，效果如图 4-31 所示。

图 4-31 利用"色调分离"命令调整图像效果

4.4 任务实现

4.4.1 任务 1 卡通画上色

利用所学的知识为卡通画上色，操作步骤如下。

（1）选择"文件"→"打开"命令，打开黑白素材图像，如图 4-32 所示。

（2）选择"图层"→"新建"→"图层"命令，新建"图层 1"，如图 4-33 所示。

图 4-32 素材图像

图 4-33 新建"图层 1"

（3）选取渐变工具，单击工具选项栏中的渐变色块，在弹出的"渐变编辑器"对话框中设置参数，色标依次是橙色（R:248,G:155,B:12）、黄色（R:255,G:237,B:0）、绿色（R:28,G:255,B:1）、蓝色（R:1,G:199,B:212），如图 4-34 所示。

（4）在绘图编辑区，按住 Shift 键从上至下垂直拖动鼠标，填充渐变色，效果如图 4-35 所示。

图 4-34　"渐变编辑器"对话框

图 4-35　填充渐变色

（5）在"图层"面板中，单击"图层设置的混合模式"下三角按钮，在弹出的下拉列表中选择"颜色"选项，如图 4-36 所示。

（6）更改图层模式为"颜色"后，效果如图 4-37 所示。

图 4-36　选择"颜色"选项

图 4-37　更改图层模式为"颜色"

（7）单击"设置前景色"色块，在弹出的对话框中设置参数，如图 4-38 所示。

2

图 4-38　设置"图层 1"前景色

（8）新建一个图层，选择画笔工具在人物的衣服上涂抹，如图 4-39 所示。

（9）在"图层"面板中，单击"图层设置的混合模式"下三角按钮，在弹出的列表框中选择"实色混合"选项，如图 4-40 所示。

图 4-39　涂抹人物衣服颜色

图 4-40　选择"实色混合"选项

（10）更改图层模式为"实色混合"后，效果如图 4-41 所示。

（11）单击"设置前景色"色块，在弹出的对话框中设置参数，如图 4-42 所示。

（12）新建一个图层，选择画笔工具在花朵上涂抹，如图 4-43 所示。

（13）在"图层"面板中，单击"图层设置的混合模式"下三角按钮，在弹出的列表框中选择"色相"选项，如图 4-44 所示。

（14）更改图层模式为"色相"后，效果如图 4-45 所示。

（15）按 Ctrl＋Shift＋Alt＋E 组合键，盖印所有图层，效果如图 4-46 所示。

图 4-41　更改图层模式为"实色混合"

图 4-42　设置前景色

图 4-43　涂抹花朵颜色

图 4-44　选择"色相"选项

图 4-45　更改图层模式为"色相"

图 4-46　盖印所有图层

（16）选择"图像"→"调整"→"色相/饱和度"命令，在弹出的"色相/饱和度"对话框中设置参数，如图 4-47 所示。

（17）单击"确定"按钮，最终效果如图 4-48 所示。

图 4-47　"色相/饱和度"对话框

图 4-48　卡通画上色效果图

4.4.2　任务 2　纠正图像色调

利用所学知识纠正图像色调，操作步骤如下。

（1）选择"文件"→"打开"命令，打开素材图像 01，如图 4-49 所示。

（2）选择"图像"→"调整"→"色阶"命令，弹出"色阶"对话框，对其进行设置，如图 4-50 所示，单击"确定"按钮，效果如图 4-51 所示。

图 4-49　打开第一张素材文件

图 4-50　"色阶"对话框

图 4-51　应用"色阶"命令效果

（3）选择"图像"→"调整"→"曲线"命令，弹出"曲线"对话框，在"通道"按钮 RGB ÷ 中选择"绿"，对其进行设置，如图 4-52 所示。

图 4-52　选择"绿"通道

（4）在"通道"按钮 RGB ÷ 中选择 RGB 通道，对其进行设置，如图 4-53 所示，单击"确定"按钮，调整后效果如图 4-54 所示。

图 4-53　选择 RGB 通道

（5）选择"图像"→"调整"→"色相/饱和度"命令，弹出"色相/饱和度"对话框，在其中拖动"饱和度"滑块调整图像饱和度，如图 4-55 所示，单击"确定"按钮，效果如图 4-56 所示。

（6）选择"文件"→"打开"命令，打开另一张素材图像 02，如图 4-57 所示。

图 4-54 应用"曲线"命令效果

图 4-55 "色相/饱和度"对话框

图 4-56 应用"色相/饱和度"命令效果

图 4-57 打开第二张素材文件

（7）选择"移动工具" ，将其拖动到 01 文件窗口中，按 Ctrl＋T 组合键，进行变换调整放到合适的位置，如图 4-58 所示。

图 4-58 添加 02 素材文件

（8）在"图层"面板中选择"图层 1"，在"图层设置的混合模式"按钮 正常 的下拉列表中选择"正片叠底"，"图层"面板如图 4-59 所示。然后在控件工具箱中选择"橡皮擦工具" ，在其属性栏中设置笔触为柔角笔触，"画笔"面板如图 4-60 所示，在图像交叠处拖动鼠标擦除，完成后效果如图 4-61 所示。

图 4-59 "图层"面板

图 4-60 "画笔"面板

图 4-61　鼠标擦除交叠处效果

（9）选择"滤镜"→"渲染"→"镜头光晕"命令，弹出"镜头光晕"对话框，在其中拖动鼠标设置光晕位置，如图 4-62 所示，单击"确定"按钮，效果如图 4-63 所示。

图 4-62　"镜头光晕"对话框

图 4-63　应用"镜头光晕"命令效果

小结

　　本章主要介绍了调整图像色彩和色调的方法。通过学习，用户可以了解 Photoshop CC 中图像颜色的调配命令，学会使用这些命令对图像进行色相、饱和度、对比度和亮度的调整，并能够运用这些命令制作出色彩斑斓、魅力无穷的艺术作品。

习题

　　打开如图 4-64 所示的图像，练习使用本章所学的调整图像色彩和色调方法对其进行调整。

图 4-64　调整图像色彩和色调

第 5 章

图层及其应用

图层是 Photoshop CC 的核心功能之一,图层的引入为图像的编辑带来了极大的便利。以前只能通过复杂的选区和通道运算才能得到的效果,现在通过图层和图层样式便可轻松实现。

学习要点

1. "图层"面板介绍
2. 图层的基本操作
3. 设置图层特殊样式
4. 设置图层混合模式
5. 图层复合、盖印图层与智能对象图层

学习任务

任务 1　绘制祝福卡片
任务 2　房地产广告设计

5.1　"图层"面板介绍

在 Photoshop CC 中,图像是由一个或多个图层组成的,若干个图层组合在一起,就形成了一幅完整的图像。这些图层之间可以任意组合、排列和合并,在合并图层之前,每一个图层都是独立的。在对一个单独的图层进行操作时,其他的图层不受任何影响。

在默认状态下,"图层"面板一般处于显示状态,它是管理和操作图层的主要场所,可以进行图层的各种操作,如创建、删除、复制、移动、链接、合并等。如果用户在窗口中看不到"图层"面板,可以选择"窗口"→"图层"命令,或按 F7 键,打开"图层"面板,如图 5-1 所示。

下面主要介绍"图层"面板的各个组成部分及其功能。

- ▾☰:可以打开"图层"面板菜单,如图 5-2 所示。
- ⌕ 类型 :当文档中的图层较多时,可以在该下拉列表中选择一种过滤类型,以减少图层的显示,可供选择的类型包含"类型""名称""效果""模式""属性"和"颜色"。当选择"颜色"选项以后,在"图层"面板中就会过滤掉标记了颜色的图层,只显示没有标记颜色的图层,如图 5-3 所示。另外,"选取滤镜类型"下拉列表后面还有 5 个过滤按钮,分别用于过滤像素图层、调整图层、文字图层、形状图层和智能对象图层。

图 5-1　"图层"面板

新建图层...　　　　　　Shift+Ctrl+N
复制 CSS
复制图层(D)...
删除图层
删除隐藏图层

快速导出为 PNG　　　Shift+Ctrl+'
导出为...　　　　　Alt+Shift+Ctrl+'

新建组(G)...
从图层新建组(A)...
折叠所有组

新建画板...
来自图层组的画板...
来自图层的画板...

锁定图层(L)...　　　　　　Ctrl+/

转换为智能对象(M)
编辑内容

混合选项...
编辑调整...

创建剪贴蒙版(C)　　　Alt+Ctrl+G

链接图层(K)
选择链接图层(S)

向下合并(E)　　　　　　Ctrl+E
合并可见图层(V)　　　Shift+Ctrl+E
拼合图像(F)

动画选项　　　　　　　　▶
面板选项...

关闭

图 5-2　"图层"面板菜单

图 5-3   选择"颜色"滤镜选项效果

注意："选取滤镜类型"中的"滤镜"并不是指菜单中的"滤镜"命令，而是"过滤"的颜色，也就是对某一种图层进行过滤。

- ▣：可以开启或关闭图层的过滤功能。
- 正常 ▾：用来设置当前图层的混合模式，使之与下面的图像产生混合。
- 不透明度: 100% ▾：用于设置当前图层的总体不透明度。
- ▣：表示图层的透明区域是否能编辑。选择该按钮后，图层的透明区域被锁定，不能对图层进行任何编辑；反之可以进行编辑。
- ✔：表示锁定图层及其副本的所有编辑操作。选择该按钮后，不能对图层进行任何编辑；反之可以编辑。
- ✛：表示锁定图层移动功能。选择该按钮后，当前图层不能移动，但可以对图像进行编辑；反之可以移动。
- 🔒：表示锁定图层编辑和透明区域。选择该按钮后，当前图层被锁定，不能对图层进行任何编辑，只能对图层上的图像进行移动操作；反之可以编辑。
- 填充: 100% ▾：用来设置当前图层的填充不透明度。该选项与"不透明度"选项类似，但是不会影响图层样式效果。
- 👁/▣：用于显示或隐藏图层。当该图标在图层左侧显示时，表示当前图层可见，图标不显示时表示当前图层隐藏。
- ⊕：表示该图层与当前图层为链接图层，可以一起进行编辑。
- fx：位于"图层"面板下面，单击该按钮，可以在弹出的菜单中选择图层效果。
- ▣：可以给当前图层添加图层蒙版。
- ◑：可以在弹出的下拉菜单中选择要进行添加的调整或填充图层内容命令，如图 5-4 所示。
- ▭：可以添加新的图层组。
- ▣：在当前图层上方创建一个新图层。

图 5-4   调整和填充图层下拉菜单

- ：可以删除当前图层。

在"图层"面板中，每个图层都是自上而下排列的，位于"图层"面板最下面的图层为背景层，"图层"面板中的大部分功能都不能应用，需要应用时，必须将其转换为普通图层。所谓的普通图层，就是常用到的新建图层，在其中用户可以做任何的编辑操作。另外，位于"图层"面板最上面的图层在图像窗口中也是位于最上层，调整其位置相当于调整图层的叠加顺序。

5.2 图层的基本操作

图层的大部分操作都是在"图层"面板中完成的。通过"图层"面板，用户可以完成图层的创建、移动、复制、删除、链接以及合并等一些操作，下面将进行具体介绍。

5.2.1 创建图层

用户可以用以下几种方法来创建新图层。

（1）最常用的方法是直接单击"图层"面板中的"创建新图层"按钮 ![icon] 创建一个新图层，系统会自动将其命名为"图层 1""图层 2"等，如图 5-5 所示。

（2）按下 Alt 键的同时单击"图层"面板中的"创建新图层"按钮 ![icon]，也可创建新图层

（3）选择"图层"→"新建"→"图层"命令，即可创建新图层。

（4）单击"图层"面板右上角的 ![icon] 按钮，在弹出的"图层"面板菜单中选择"新建图层"命令，可创建新图层。

图 5-5 创建新"图层"面板

用第（3）、（4）种方法创建新图层都会弹出"新建图层"对话框，如图 5-6 所示。在该对话框中可对新建的图层进行一些详细的设置。

图 5-6 "新建图层"对话框

5.2.2 复制图层

复制图层是将图像中原有的图层内容进行复制，可在一个图像中复制图层的内容，也可在两个图像之间复制图层的内容。在两个图像之间复制图层时，由于目标图像和源图像之间的分辨率不同，从而导致内容被复制到目标图像时，其图像尺寸会比源图像小或大。

用户可以用以下几种方法来复制图层内容。

（1）将需要复制的图层拖动到"图层"面板底部的"创建新图层"按钮 上，当鼠标指针变成 形状时释放鼠标，即可复制此图层。复制的图层在"图层"面板中会是一个带有"副本"字样的新图层，如图 5-7 所示。

（2）选中需要复制的图层，单击"图层"面板右上角的 按钮，在弹出的"图层"面板菜单中选择"复制图层"命令即可。

（3）右击需要复制的图层，在弹出的快捷菜单中选择"复制图层"命令即可。

（4）用 Ctrl+J 组合键也可以进行图层的复制。

用第（2）、（3）种方法复制图层时都会弹出"复制图层"对话框，如图 5-8 所示。在该对话框中可对复制的图层进行一些详细的设置。

图 5-7　复制图层　　　　　　　　图 5-8　"复制图层"对话框

5.2.3　删除图层

用户可以用以下几种方法来删除图层。

（1）最常用的方法是将需要删除的图层拖动到面板中的"删除图层"按钮 上，即可将该图层删除。

（2）选中需要删除的图层，单击"图层"面板右上角的 按钮，在弹出的"图层"面板菜单中选择"删除图层"命令即可。

（3）将要删除的图层设置为当前图层，单击"图层"面板中的"删除图层"按钮 ，即可删除图层。

（4）将要删除的图层设置为当前图层，选择"图层"→"删除"→"图层"命令，即可删除该图层。

用第（2）、（3）、（4）种方法删除图层时都会弹出询问对话框，如图 5-9 所示。在该对话框中，用户可以根据需要选择是否删除该图层。

图 5-9　询问对话框

5.2.4　调整图层顺序

在编辑图像过程中，有时需要重新排列各图层的顺序，以便达到所需的效果。

用户可以用以下几种方法来调整图层顺序。

（1）在"图层"面板中，直接用鼠标单击需要调整顺序的图层并拖动，将图层拖动到目标位置松开鼠标即可

（2）选择需要调整顺序的图层，然后选择"图层"→"排列"命令，在该子菜单中包含了几种对图层顺序进行调整的命令，如图 5-10 所示。

图 5-10　"排列"子菜单

5.2.5　链接与合并图层

在编辑图像的过程中，有时需要对多个图层上的内容进行统一的旋转、移动、缩放等操作，此时就要将图层链接起来或将它们合并，然后再进行各种处理，下面将进行具体介绍。

1. 链接图层

链接图层就是在"图层"面板中将需要进行链接的两个或两个以上的图层选中，然后再单击"图层"面板中的"链接图层"按钮，即可将选择的图层链接起来。链接后的每个图层中都含有标志，如图 5-11 所示。

注意：在链接图层过程中，按住 Shift 键可以选择连续的几个图层，按住 Ctrl 键可以分别选择需要进行链接的图层。

2. 合并图层

合并图层是将两个或两个以上的图层合并为一个图层，这样可以减小文件大小，有利于存储和快速操作。

单击"图层"面板右上角的按钮，在弹出的菜单中有以下 3 个合并图层命令。

- 向下合并：该命令可以将当前图层与它下面的一个图层进行合并，而其他图层则保持不变。
- 合并可见图层：该命令可以将"图层"面板中所有可见的图层进行合并，而被隐藏的图层将不被合并。
- 拼合图像：该命令可以将图像窗口中所有的图层进行合并，并放弃图像中隐藏的图层。若有隐藏的图层，在使用该命令时会弹出一个询问对话框，如图 5-12 所示，提示用户是否要扔掉隐藏的图层，若单击"确定"按钮，合并后将会丢掉隐藏图层上的内容；若单击"取消"按钮，则可取消合并操作。

图 5-11　链接图层

图 5-12　询问对话框

5.2.6 将图像选区转换为图层

在 Photoshop CC 中,用户可以直接创建新图层,也可以将创建的选区转换为图层,具体的操作步骤如下。

(1) 按 Ctrl+O 组合键打开一个图像文件,并用工具箱中的创建选区工具在其中创建选区,效果如图 5-13 所示。

图 5-13 创建的选区及"图层"面板

(2) 选择"图层"→"新建"→"通过拷贝的图层"命令,此时"图层"面板如图 5-14 所示。

(3) 单击工具箱中的"移动工具"按钮，然后在图像窗口中单击并拖动鼠标,此时图像效果如图 5-15 所示。由此可以看出,执行此命令后,系统会自动将选区中的图像内容复制到一个新图层中。

图 5-14 "图层"面板

图 5-15 移动图像效果

利用"图层"→"新建"→"通过剪切的图层"命令,可将选区中的图像内容剪切到一个新图层中。

5.2.7 普通图层与背景图层的转换

普通图层就是经常用到的新建图层,用户可直接新建,也可以将背景图层转换为普通图层。其操作方法非常简单,用鼠标左键在背景图层上双击,可弹出"新建图层"对话框,在其中可设置转换后图层的名称、颜色、不透明度和色彩混合模式。设置完成后,单击"确定"按钮即可,效果如图 5-16 所示。

图 5-16　转换前和转换后的"图层"面板对比

5.3　设置图层特殊样式

在 Photoshop CC 中可以对图层应用各种样式效果,如光照、阴影、颜色填充、斜面、浮雕以及描边等,而且不影响图像对象的原始属性。在应用图层样式后,用户还可以将获得的效果复制下来并进行粘贴,以便在较大的范围内快速应用。

Photoshop CC 提供了 10 种图层特殊样式,用户可以根据需要在其中选择一种或多种样式添加到图层中,制作出特殊的图层样式效果。

用户可以通过以下方法给图层添加特殊样式。

选择需要添加特殊样式的图层,然后单击"图层"面板底部的"添加图层样式"按钮 **fx.**,在弹出的下拉菜单中选择需要的特殊样式命令,或者选择"图层"→"图层样式"命令,在其子菜单中选择需要的特殊样式命令,都可弹出"图层样式"对话框,如图 5-17 所示。

图 5-17　"图层样式"对话框

在该对话框中,用户只要在需要的选项上单击使其变为选中状态,就可在其中对该特殊样式效果的参数进行详细的设置,直到满意为止。设置完成后,单击"确定"按钮,即可给选择的图层应用图层样式效果,还可以一次性设置多种图层特殊样式到某一图层中。

下面将以"投影"图层样式命令加以说明。

(1) 打开一个图像文件,如图 5-18 所示。

图 5-18　打开图像文件及"图层"面板

(2) 单击"图层"面板底部的"添加图层样式"按钮，在弹出的下拉列表中选择"投影"命令,弹出"投影"面板,参数设置如图 5-19 所示。

图 5-19　"投影"面板

(3) 在该对话框中的"混合模式"选项中可以指定所加阴影的模式;在"不透明度"选项中可以设置所加阴影的不透明度,取值范围为 0～100%;在"角度"选项中可以设置指定阴影相对于原图像的角度,用户可以以任意的角度来指定阴影的位置,使其产生不同的效果;在"距离"选项中可以设置阴影与当前层内图像的距离,值越大则与当前内容的距离越远;在"扩展"选项中可以设置阴影的密度,数值越大阴影的密度就越大,反之则越小;在"大小"选项中可以设置阴影的大小;在"品质"选项中可以设置阴影的强度,其中"等高线"选项控制阴影的轮廓形状,"消除锯齿"选项控制是否取消锯齿;在"杂色"选项中可以设置阴影中是否要加入杂色,制作随机效果;选中"图层挖空投影"复选框,可以控制阴影在半透明图层上被看到的状况。

(4) 设置完成后,单击"确定"按钮,效果如图 5-20 所示。

图 5-20　添加投影效果以及添加后的"图层"面板

在"图层"面板中,添加过特殊样式的图层右边都含有 fx 标志。下面对特殊图层样式分别作介绍。

(1)"投影"图层样式:用于模拟物体受光后产生的投影效果,可以增加层次感。

(2)"内阴影"图层样式:可以在紧靠图层内容的边缘内添加阴影,使图层图像产生凹陷效果。"内阴影"与"投影"的选项设置方式基本相同,不同之处在于:"投影"是通过"扩展"选项来控制投影边缘的渐变程度;而"内阴影"则是通过"阻塞"选项来控制,"阻塞"可以在模糊之前收缩内阴影的效果,且其与"大小"选项相关联,"大小"值越大,可设置的"阻塞"范围也就越大。"内阴影"面板如图 5-21 所示。

图 5-21　"内阴影"面板

（3）"外发光"图层样式：沿图像边缘向外产生发光效果，其参数设置如图 5-22 所示。

图 5-22 "外发光"面板

- 混合模式："混合模式"用于设置发光效果与下面图层的混合方式。
- 不透明度："不透明度"用于设置发光效果的不透明度，值越低发光效果越弱。
- 杂色：在发光效果中添加随机的杂色，使光晕呈现颗粒度。
- "颜色"单选项：单击选中该单选项，则使用单一的颜色作为发光效果的颜色。单击其中的色块，在打开的"拾色器"对话框中可以选择其他颜色。
- "渐变条"单选项：单击选中该单选项，则使用一个渐变颜色作为发光效果的颜色。单击其右侧下拉按钮，在下拉列表中，选择其他渐变色作为发光颜色。
- "方法"下拉列表：用于设置对外发光效果，可以选择"柔和"和"精确"选项。选择"柔和"选项，可以对发光应用模糊效果，得到柔和的边缘；选择"精确"选项，则得到精确的边缘。
- 扩展/大小："扩展"用于设置发光范围的大小；"大小"用于设置光晕范围的大小。
- "范围"数值框：用于设置外发光效果的轮廓范围。
- "抖动"数值框：用于改变渐变的颜色和不透明度的范围。

（4）"内发光"图层样式：可以沿图层图像的边缘向内创建发光效果。"内发光"的参数面板对话框如图 5-23 所示。

- 源：用于控制发光光源的位置。单击选中"居中"单选项，表示应用从图层图像的中心发出的光；单击选中"边缘"单选项，表示应用从图层图像的内部边缘发出的光。
- 阻塞：用于在模糊之前收缩内发光的杂边边界。

（5）"斜面和浮雕"图层样式：可以使图层中的图像产生凸出和凹陷的浮雕效果，还可以添加不同组合方式的高光和阴影，"斜面和浮雕"面板如图 5-24 所示。

- "样式"下拉列表：用于设置斜面和浮雕的样式，包括内斜面、外斜面、浮雕效果、枕状

图 5-23 "内发光"面板

图 5-24 "斜面和浮雕"面板

浮雕、描边浮雕 5 个选项。"内斜面"可在图层图像的内边缘上创建斜面的效果;"外斜面"可在图层图像的外边缘上创建斜面的效果;"浮雕效果"可使图层图像相对于下层图层呈现浮雕状的效果;"枕状浮雕"可产生将图层边缘压入下层图像中的效果;"描边浮雕"可将浮雕效果仅应用于图像的边界。

- "方法"下拉列表框:"平滑"表示将生成平滑的浮雕效果;"雕刻清晰"表示将生成一种线条较生硬的雕刻效果;"雕刻柔和"表示将生成一种线条柔和的雕刻效果。
- "深度"数值框:用于控制斜面和浮雕效果的深浅程度,取值范围在 1%～100%。

- "方向"栏：单击选中"上"单选项，表示高光区在上，阴影区在下；单击选中"下"单选项，表示高光区在下，阴影区在上。
- 大小：用于设置斜面和浮雕中阴影面积的大小。
- 软化：用于设置斜面和浮雕的柔和程度，该值越高，效果越柔和。
- 角度：用于设置光源的照射角度，可在数值框中输入数值进行调整，也可以拖动圆形图标内的指针来调整。勾选"使用全局光"复选框，则可以让所有浮雕样式的光照角度保持一致。
- "高度"数值框：用于设置光源的高度。
- "高光模式"下拉列表框：用于设置高光区域的混合模式。单击右侧的颜色块可设置高光区域的颜色，下侧的"不透明度"数值框用于设置高光区域的不透明度。
- "阴影模式"下拉列表框：用于设置阴影区域的混合模式。单击右侧的颜色块可设置阴影区域的颜色，下侧的"不透明度"数值框用于设置阴影区域的不透明度。

(6)"等高线"图层样式：勾选"图层样式"窗口左侧的"等高线"复选框，可以切换到相应的面板中。使用"等高线"可以勾画出浮雕处理中被遮住的起伏、凹陷、凸起的线，且设置不同等高线生成的浮雕效果也不同。图 5-25 所示为使用"锥形"等高线的"等高线"面板。

图 5-25 "等高线"面板

(7)"纹理"图层样式：勾选左侧的"纹理"复选框，可以切换到"纹理"面板，如图 5-26 所示。

"纹理"面板中各参数介绍如下。

- 图案：单击"图案"右侧的按钮，可在打开的下拉列表中选择一个图案，将其应用到斜面和浮雕上。
- 从当前图案创建新的预设 ：可以将当前设置的图案创建为一个新的预设图案，新图案会保存在"图案"下拉列表中。
- 缩放：拖动滑块或输入数值可以调整图案的大小。

图 5-26　"纹理"面板

- 深度：用于设置图案的纹理应用程度。
- 反相：勾选该复选框，可以反转图案纹理和凹凸方向。
- 与图层链接：勾选该复选框，可以将图案链接到图层。此时对图层进行变换操作，图案也会一同变换，勾选该复选框后，单击 [贴紧原点(A)] 按钮，可将图案的原点对齐到文档的原点；若取消勾选该复选框，则单击 [贴紧原点(A)] 按钮，可将原点放在图层的左上角。

注意："等高线"和"纹理"在"斜面和浮雕"复选框下，只有勾选"斜面和浮雕"复选框，才能激活"等高线"和"纹理"复选框。

（8）"光泽"图层样式：可以在图像中产生游离的发光效果。"光泽"面板参数如图 5-27所示。

图 5-27　"光泽"面板

（9）"颜色叠加"图层样式：可以在图层上叠加指定的颜色，通过设置颜色的混合模式和不透明度来控制叠加效果，图 5-28 所示为"颜色叠加"面板。

图 5-28 "颜色叠加"面板

（10）"渐变叠加"图层样式：可以在图层上叠加指定的渐变颜色，其参数面板如图 5-29 所示。

图 5-29 "渐变叠加"面板

（11）"图案叠加"图层样式：可以在图层上叠加指定的图案，并且可以缩放图案，设置图案的不透明度和混合模式,其参数面板如图 5-30 所示。

图 5-30　"图案叠加"面板

(12)"描边"图层样式:可以沿图像边缘填充一种颜色,其参数面板如图 5-31 所示。

图 5-31　"描边"面板

- "位置"下拉列表:用于设置描边的位置,包含了"外部""内部"和"居中"3 个选项。
- "填充类型"下拉列表:用于设置描边填充的类型,包含了"颜色""渐变"和"图案" 3 种类型。

下面列举了几种图层的特殊样式效果,如图 5-32 所示。

| 斜面和浮雕 | 光泽 | 颜色叠加 |

| 渐变叠加 | 图案叠加 | 描边 |

图 5-32   几种特殊图层样式效果

5.4   设置图层混合模式

在 Photoshop CC 中,用户可以将上面图层和下面图层的像素进行混合得到另外一种图像效果。在"图层"面板中单击 正常 选项下拉按钮,可弹出图层混合模式下拉列表,其中包含了 20 多种图层混合模式。下面将介绍几种常用的图层混合模式。

5.4.1   正常模式

默认情况下,图层以正常模式显示出来,此模式与原图没有任何区别,只有通过拖动"不透明度"框中的滑块来改变当前图层的不透明度,并显露出下面图层中的像素。

打开一个图像文件,使"图层 1"为当前图层,如图 5-33 所示。

图 5-33   打开的图像及"图层"面板

在混合模式列表中选择"正常"选项,设置"不透明度"为 50%,效果如图 5-34 所示。

图 5-34　使用正常模式及调整不透明度效果

5.4.2　溶解模式

溶解模式是将当前图层的颜色与下面图层的颜色进行混合而得到的另外一种效果。该模式对于有羽化边缘的图层影响很大,最终得到的效果和当前图层的羽化程度与不透明度有着直接的关系。图 5-35 所示为图层的不透明度为 80%时的图像效果。

图 5-35　应用溶解模式效果及"图层"面板

5.4.3　变暗模式

变暗模式是将当前图层的颜色与下面图层的颜色相混合,并选择基色或混合色中较暗的颜色作为结果色,其中比混合色亮的像素将被替换,比混合色暗的像素将保持不变。图 5-36 所示为图层的变暗模式效果。

图 5-36　应用变暗模式效果及"图层"面板

5.4.4 正片叠加、颜色加深与线性加深模式

使用正片叠加模式可以使图像颜色变得很深,产生当前图层与下面图层颜色叠加的效果。但黑色与黑色叠加产生的颜色仍为黑色,白色与白色叠加产生的颜色仍为白色。此模式在处理图像时是十分有用的。

使用颜色加深模式可以增加图像的对比度,使当前图层中的像素变暗,此模式产生的图像颜色比正片叠加更深一些。

使用线性加深模式可以降低当前图层中像素的亮度,从而使当前图层中的图像颜色加深。

5.4.5 叠加模式

使用叠加模式可将当前图层与下面图层中的颜色叠加,相当于正片叠加与滤色两种模式的操作,从而使图像的暗区与亮区加强。

5.4.6 线性光模式

使用线性光模式,如果当前图层与下面图层中的颜色混合大于50%,则会增加亮度,使图像变亮,如果当前图层与下面图层中的图像颜色混合小于50%灰度,则会减少亮度,使图像变暗。图5-33所示的图像使用线性光模式,将"图层1"设为当前图层,在混合模式列表中选择"线性光"选项,设置"不透明度"为100%,图像效果如图5-37所示。

图 5-37　使用线性光模式效果

下面对设置图层的混合模式加以介绍,其中,基本色是图像原有的色彩,混合色是工具加在图像上的色彩,结果色是混合后的最终色彩。

- 正常:默认的模式,处理图像时,直接生成结果色。
- 溶解:在处理时直接生成结果色,但在处理过程中,将基本色和混合色随机溶解开。
- 背景:只能在图层的透明层上编辑,效果画在透明层后面的层上。
- 清除:去掉颜色。
- 变暗:将基本色和混合色中较暗的部分作为结果色。
- 正片叠底:基本色和混合色相加。
- 颜色加深:基本色加深后去反射混合色。
- 线性加深:颜色按照线性逐渐加深。

- 深色(Darker Color)：颜色按照相应通道加深。
- 变亮：将基本色和混合色中较亮的部分作为结果色。
- 滤色：基本色和混合色相加后取其负项，所以颜色会变浅。
- 颜色减淡：基本色加亮后去反射减淡。
- 线性减淡：颜色按照线性逐渐减淡。
- 浅色(Lighter Color)：颜色按照相应通道减淡。
- 叠加：图像或是色彩加在像素上时，会保留其基本色的最亮处和阴影处。
- 柔光：其效果类似于图像上漫射聚光灯，当绘图颜色灰度小于 50％则会变暗，反之变亮。
- 强光：效果类似于在图像上投射聚光灯。
- 亮光：变亮的幅度比以下两种模式大。
- 线性光：线性逐渐变亮实色混合。
- 点光：通过增加或减小对比度来加深或减淡颜色，具体取决于混合色。
- 实色混合：效果是亮色更亮，暗色更暗。
- 差值：将基本色减去混合色或是将混合色减去基本色。
- 排除：与差值模式相似，背景亮度越高，应用层颜色越浅。
- 色相：用基本色的饱和度和明度与混合色的色相产生结果色。
- 饱和度：用基本色的饱和度和明度与混合色的饱和度产生结果色。
- 颜色：用基本色的明度与混合色的色相和饱和度产生结果色。
- 亮度：产生与"颜色"相反的效果。

5.5 图层复合、盖印图层与智能对象图层

应用"图层复合""盖印图层""智能对象图层"命令可以提高制作图像的效率。

5.5.1 图层复合

将同一文件中的不同图层效果组合并另存为多个"图层效果组合"，可以对不同的图层复合中的效果进行比对。

1. 图层复合与图层复合面板

"图层复合"面板可将同一文件中的不同图层效果组合并另存为多个"图层效果组"，从而更加方便快捷地展示和比较不同图层组合设计的视觉效果。

设计好的图像效果如图 5-38 所示，"图层"面板中的效果如图 5-39 所示，选择"窗口"→"图层复合"命令，弹出"图层复合"面板，如图 5-40 所示。

2. 创建图层复合

单击"图层复合"面板右上方的图标 ，在弹出的菜单中选择"新建图层复合"命令，弹出"新建图层复合"对话框，如图 5-41 所示，单击"确定"按钮，建立"图层复合 1"，如图 5-42 所示，其中存储的是当前的制作效果。

图 5-38　图像效果 1

图 5-39　"图层"面板

图 5-40　"图层复合"面板

图 5-41　"新建图层复合"对话框

图 5-42　图层复合 1

3. 应用和查看图层复合

　　进一步对图像进行修饰和编辑,效果如图 5-43 所示,此时的"图层"面板如图 5-44 所示,选择"新建图层复合"命令,建立"图层复合 2",如图 5-45 所示,其中存储的是修饰编辑后的制作效果。

图 5-43　图像效果 2

图 5-44　"图层"面板 2

图 5-45　图层复合 2

4. 导出图层复合

　　在"图层复合"面板中,单击"图层复合 1"左侧的方框,显示![]图标,如图 5-46 所示,可以观察"图层复合 1"中的图像,效果如图 5-47 所示。单击"图层复合 2"左侧的方框,显示![]图标,如图 5-48 所示。可以观察"图层复合 2"中的图像,效果如图 5-49 所示。

图 5-46　单击"图层复合 1"左侧

图 5-47　显示效果 1

图 5-48　单击"图层复合 2"左侧

图 5-49　显示效果 2

5.5.2　盖印图层

盖印图层是将图像窗口中所有当前显示出来的图像合并到一个新的图层中。

在"图层"面板中选中一个可见图层，如图 5-50 所示。按 Ctrl＋Alt＋Shift＋E 组合键，将每个图层中的图像复制并合并到一个新的图层中，效果如图 5-51 所示。

注意：在执行此操作时，必须选中一个可见的图层，否则将无法操作。

图 5-50　"图层 2"面板

图 5-51　"图层 3"面板

5.5.3　智能对象图层

智能对象全称为智能对象图层。智能对象可以将一个或多个图层,甚至一个矢量图形文件包含在 Photoshop CC 文件中。以智能对象形式嵌入 Photoshop CC 文件中的位图或矢量文件,与当前的 Photoshop CC 文件能够保持相对的独立性。当对 Photoshop CC 文件进行修改或对智能对象进行变形、旋转时,不会影响嵌入的位图或矢量文件。

1. 创建智能对象

- 使用"置入"命令:选择"文件"→"置入"命令为当前图像文件置入一个矢量文件或位图文件。
- 使用"转换为智能对象"命令:选中一个或多个图层后,选择"图层"→"智能对象"→"转换为智能对象"命令,可以将选中的图层转换为智能对象图层,图 5-52 所示为转换前与转换后的"图层"面板对比。

图 5-52　"图层"面板对比

- 使用"粘贴"命令:用 Illustrator 软件中对矢量对象进行复制,再回到 Photoshop CC 软件中将复制的对象进行粘贴。

2. 编辑智能对象

智能对象以及"图层"面板中的效果如图 5-53 和图 5-54 所示。

双击"图层 2"的缩览图,Photoshop CC 将打开一个新文件,即智能对象"图层 2",如图 5-55 所示。此智能对象文件包含 1 个普通图层,如图 5-56 所示。

图 5-53　智能对象 1

图 5-54　"图层"面板

图 5-55　智能对象 2

　　在智能对象文件中对图像进行修改并保存,效果如图 5-57 所示。修改操作将影响嵌入此智能对象文件图像的最终效果。图 5-58 为修改后的智能对象文件效果,图 5-59 为智能对象文件"图层"面板。

图 5-56　双击"图层 2"缩览图

图 5-57　智能对象修改

图 5-58　智能对象文件

图 5-59　智能对象文件"图层"面板

5.6　任务实现

5.6.1　任务 1　绘制祝福卡片

利用所学的知识绘制祝福卡片,操作步骤如下。

(1)选择"文件"→"新建"命令,在弹出的"新建"对话框中设置参数,如图 5-60 所示。单击"确定"按钮,新建一个文件。

图 5-60　"新建"对话框

(2)单击"设置前景色"色块,在弹出的对话框中设置参数,如图 5-61 所示,单击"确定"按钮。

(3)选择矩形选框工具,绘制一个矩形,如图 5-62 所示。

(4)按 Alt+Delete 组合键,填充前景色,效果如图 5-63 所示。

(5)参照上述操作方法,绘制其他矩形并填充颜色,完成背景效果的制作,如图 5-64 所示。

(6)选择"文件"→"打开"命令,打开素材图像,如图 5-65 所示。

图 5-61　设置前景色

图 5-62　绘制矩形　　　　　　图 5-63　填充前景色　　　　　　图 5-64　背景效果

（7）选取椭圆选框工具，同时按住 Shift 键，在素材图像上绘制一个正圆，如图 5-66 所示。

图 5-65　素材图像　　　　　　　　　　图 5-66　绘制一个正圆

（8）将素材图像拖动至背景文件中，"图层"面板新生成"图层 2"，如图 5-67 所示，效果如图 5-68 所示。

（9）按 Ctrl＋T 组合键，调整图像的大小并移至合适位置，如图 5-69 所示。

图 5-67　生成"图层 2"

图 5-68　添加素材图像

（10）单击"图层"面板下方的"设置图层样式"按钮，在弹出的快捷菜单中选择"投影"选项，如图 5-70 所示。

图 5-69　调整大小及位置

图 5-70　选择"投影"选项

（11）弹出"图层样式"对话框，对参数进行设置，如图 5-71 所示。

图 5-71　"图层样式"对话框

（12）选中"内阴影"复选框，并设置参数，如图 5-72 所示。

图 5-72　设置"内阴影"参数

（13）选中"描边"复选框，并设置参数，如图 5-73 所示。

图 5-73　设置"描边"参数

（14）单击"确定"按钮，效果如图 5-74 所示。

（15）参照上述操作方法添加其他素材，"图层"面板新生成"图层 3"和"图层 4"，如图 5-75 所示，效果如图 5-76 所示。

图 5-74　添加"图层样式"效果　　　　　　图 5-75　生成"图层 3"和"图层 4"

　　（16）在"图层 2"上右击,在弹出的快捷菜单中选择"拷贝图层样式"选项,如图 5-77 所示。

图 5-76　添加其他素材　　　　　　　　　图 5-77　选择"拷贝图层样式"选项

（17）在"图层 3"上右击，在弹出的快捷菜单中选择"粘贴图层样式"选项，效果如图 5-78 所示。

图 5-78　选择"粘贴图层样式"选项

（18）复制图层样式的效果如图 5-79 所示。

（19）在"图层 4"上右击，在弹出的快捷菜单中选择"粘贴图层样式"选项，复制图层样式的效果如图 5-80 所示。

图 5-79　在"图层 3"复制图层样式　　　　图 5-80　在"图层 4"复制图层样式

（20）选取"文字工具"，在图像窗口中单击，确定插入点，在"文字工具"选项栏中设置文字"颜色"为粉红色（R：232，G：117，B：174），"字体大小"为"48 点"，"字体"为方正姚体，如图 5-81 所示。

图 5-81　"文字工具"选项栏

（21）输入文字"深深的祝福"，如图 5-82 所示。

（22）选择文字，单击"工具"选项栏中的"显示/隐藏字符和段落调板"按钮，在"字符"选项卡中设置"字符间距"为 360，如图 5-83 所示。

图 5-82　输入文字

图 5-83　设置"字符间距"

（23）单击"文字工具"选项栏中的"创建文字变形"按钮 ，弹出"变形文字"对话框，在"样式"下拉列表框中选择"旗帜"样式，如图 5-84 所示。

（24）单击"确定"按钮，效果如图 5-85 所示。

图 5-84　"变形文字"对话框

图 5-85　文字效果

　　（25）单击"图层"面板下方的"设置图层样式"按钮，在弹出的快捷菜单中选择"投影"选项，设置参数，如图 5-86 所示。

图 5-86　设置"投影"效果

　　（26）选中"描边"复选框，设置参数，如图 5-87 所示。

图 5-87　设置"描边"效果

　　（27）单击"确定"按钮，最终效果如图 5-88 所示。

图 5-88　祝福卡片效果图

5.6.2　任务 2　房地产广告设计

利用所学的知识制作房地产广告,操作步骤如下。

(1) 选择"文件"→"新建"命令,弹出"新建"对话框,参数设置如图 5-89 所示,单击"确定"按钮,新建一个图像文件。

图 5-89　"新建"对话框

(2) 单击"图层"面板底部的"创建新图层"按钮 ,新建"图层 1",然后单击工具箱中的"矩形选框工具"按钮 ,在新建的图像文件中绘制矩形选区,效果如图 5-90 所示。

(3) 按 D 键设置默认前景色和默认背景色,即前景色为黑色,背景色为白色,按 Alt+Delete 组合键填充选区为黑色,按 Ctrl+D 组合键取消选区,效果如图 5-91 所示。

(4) 按 Ctrl+R 组合键显示标尺,用鼠标拖曳出两条参考线,位置如图 5-92 所示。

图 5-90　在新建图像文件中绘制矩形选区

图 5-91　填充选区为黑色

图 5-92　创建参考线

（5）新建"图层 2"，单击工具箱中的"矩形选框工具"按钮▦，在图像中绘制矩形选区，设置前景色为白色，按 Alt＋Delete 组合键填充选区，如图 5-93 所示。

图 5-93　填充选区为白色

（6）按住 Ctrl＋Alt 组合键拖动鼠标复制多个白色矩形，并沿着参考线排放好位置，按 Ctrl＋D 组合键取消选区，如图 5-94 所示。

图 5-94　复制并排列矩形

（7）将"图层 2"拖曳到"图层"面板底部的"创建新图层"按钮▣上，复制"图层 2"为"图层 2 副本"，如图 5-95 所示，利用移动工具将复制的图像移动到如图 5-96 所示的位置。

（8）为了便于定位，先选择"视图"→"清除参考线"命令，清除以前设置的参考线，然后创建新的参考线，如图 5-97 所示。

（9）选择"文件"→"打开"命令，打开一幅建筑图像，单击工具箱中的"移动工具"按钮▸✛，将图片移至如图 5-97 所示的图像文件中，"图层"面板自动生成"图层 3"，如图 5-98 所示，效果如图 5-99 所示。

图 5-95　复制"图层 2"

图 5-96   复制齿孔效果

图 5-97   建立参考线

图 5-98   生成"图层 3"

图 5-99　移动图片

　　(10) 按 Ctrl＋T 组合键,缩放图片到适当的大小,并放置到合适的位置,按 Enter 键确认操作,如图 5-100 所示。

图 5-100　调整图片大小及位置

　　(11) 使用相同的方法导入多幅图像到如图 5-101 所示的图像位置中,调整图像到适当的大小,然后选择"视图"→"清除参考线"命令,清除所有参考线,按 Ctrl＋R 组合键隐藏标尺,此时"图层"面板如图 5-102 所示。

　　(12) 再次利用工具箱中的矩形工具在图像中绘制如图 5-103 所示的选区。

　　(13) 新建"图层 7",将前景色设置为橘红色(R:230,G:149,B:33),背景色设置为白色(R:255,G:255,B:255),然后单击工具箱中的"渐变工具"按钮,其属性栏设置如图 5-104所示,在选区中单击鼠标从左上角向右下角拖曳进行填充,然后取消选区,效果如图 5-105所示。

　　(14) 按 Ctrl＋O 组合键,打开如图 5-106 所示的图像文件。

图 5-101 导入图片

图 5-102 "图层"面板

图 5-103 在图像中绘制矩形选区

图 5-104 "渐变工具"属性栏

图 5-105 渐变填充效果

图 5-106 打开图像文件

（15）利用移动工具将其拖动到如图 5-105 所示的图像中，按 Ctrl＋T 组合键执行"自由变换"命令，对其大小和位置进行适当的调整，效果如图 5-107 所示。

图 5-107 调整图像大小及位置效果

（16）单击工具箱中的"椭圆选框工具"按钮 ◯，按住 Shift 键在图像中创建一个正圆选区，按 Shift＋F6 组合键执行"羽化选区"命令，弹出"羽化选区"对话框，进行参数设置，如图 5-108 所示，单击"确定"按钮，效果如图 5-109 所示。

图 5-108 "羽化选区"对话框

（17）新建"图层 9"，将前景色设置为黄色（R：223，G：230，B：33），按 Alt＋Delete 组合键填充选区，效果如图 5-110 所示。

（18）打开一幅人物图像，利用工具箱中的"磁性套索"按钮 ▷ 将图像中的人物图像选取，如图 5-111 所示，并将其复制到如图 5-110 所示的图像中，调整大小和位置，效果如图 5-112 所示。

图 5-109　创建的正圆选区

图 5-110　填充选区

图 5-111　选区人物

（19）单击工具箱中的"文字工具"按钮 T ，其属性栏设置如图 5-113 所示，在其中将字体的颜色设置为绿色。

图 5-112　复制人物效果

图 5-113　"文字工具"属性栏

　　(20) 单击图像,输入文字"辰宇花园",效果如图 5-114 所示,在"图层"面板中会自动生成文字图层,如图 5-115 所示。

图 5-114　输入文字效果

图 5-115　生成文字图层

　　(21) 选中文字所在的图层,单击"图层"面板底部的"添加图层样式"按钮 fx ,在弹出的下拉菜单中选择"斜面和浮雕"命令,弹出"图层样式"对话框,设置参数如图 5-116 所示。

图 5-116   "图层样式"对话框

（22）设置完成后，单击"确定"按钮，效果如图 5-117 所示。

图 5-117   给文添加浮雕效果

（23）再输入红色文字"打造城南最大生活社区"，在图层样式下拉菜单中选择"投影"命令，为文字添加阴影，效果如图 5-118 所示。

（24）新建"图层 11"，将前景色设置为白色，单击工具箱中的"铅笔工具"按钮，然后按住 Shift 键在图像中绘制一条直线，如图 5-119 所示。

（25）再次利用工具箱中的文字工具在新建图像中输入其他文字信息，最终效果如图 5-120 所示。

图 5-118　再次输入文字效果

图 5-119　绘制白色直线效果

图 5-120　房地产广告设计效果图

小结

本章主要介绍了图层的应用,包括"图层"面板的使用、图层的基本操作、图层混合模式、图层复合、盖印图层与智能对象图层以及图层样式的应用效果。通过学习,用户可以学会创建和使用图层,懂得在图像处理过程中,图层的重要性和使用的普遍性,从而更有效地编辑和处理图像。另外,通过对图层特殊样式和图层混合模式的学习,用户可以创建出绚丽多彩的图像效果。

习题

(1) 给图像添加图层样式,效果如图 5-121 所示。

图 5-121   给图像添加图层样式

(2) 利用图层混合模式,将图像制作出如图 5-122 所示的效果。

图 5-122   利用图层混合模式制作图像效果

(3) 利用变形工具和图层混合模式制作出商标随盒子变形的效果,如图 5-123 所示。

图 5-123   制作商标随盒子变形的效果

第 6 章

通道与蒙版的应用

通道的主要功能是保存颜色数据,同时也可以用来保存和编辑选区。通道功能强大,因而在制作图像特效方面应用广泛,但同时也最难以理解和掌握。

蒙版用于控制图像的显示区域,可以隐藏不想显示的区域,但不会将内容从图像中删除,它与通道有着密不可分的联系。

学习要点

1. 通道的基本概念
2. 通道的操作
3. 蒙版的应用

学习任务

任务1 制作撕纸效果
任务2 添加图像旋转边框

6.1 通道的基本概念

通道主要用于存储图像中的颜色数据,一幅图像通过多个通道显示它的色彩,不同的色彩模式,其颜色通道数不等。如一幅 RGB 色彩模式的图像共有 4 个默认通道,即红、绿、蓝和一个用于编辑图像的复合通道(RGB 通道),如图 6-1 所示。对通道的操作具有独立性,用户可以针对每个通道进行色彩调整、图像处理及使用各种滤镜效果。

图 6-1 图像的色彩通道

Photoshop CC 中通道有以下特点。

(1) 所有的通道都是 8 位灰度图像,总共能够显示出 256 种灰度色。

(2) 每个图像文件中所包含的颜色通道和 Alpha 通道的总数不能超过 24 个。

(3) 所有新建的通道都具有同源图像文件相同的尺寸和像素数。

(4) 用户可以指定每个通道的名称、颜色、不透明度和蒙版属性。

(5) 用户能够在 Alpha 通道中使用画笔和编辑工具对其进行编辑操作。

在"通道"面板中可以同时将一幅图像所包含的通道全部显示出来,还可以通过面板对通道进行各种编辑操作,如通道的创建、删除、存储、隐藏等。打开一幅图像文件后,系统会自动在"通道"面板中建立颜色通道,单击浮动面板组中的"通道"标签,即可打开"通道"面板,如果在 Photoshop CC 界面中找不到该面板,可以通过选择"窗口"→"通道"命令将其打开,如图 6-2 所示。

图 6-2 "通道"面板

单击 按钮,可以将通道作为选区载入图像中,也可以按住 Ctrl 键在面板中单击需要载入选区的通道来载入通道选区。

单击 按钮,可将当前的选区存储为通道,存储后的通道将显示在"通道"面板中。

单击 按钮,可创建新的通道,如果同时按住 Alt 键单击该按钮,则可以在弹出的对话框中设置新建通道的参数;如果同时按住 Ctrl 键单击该按钮,则可以创建新的专色通道。

单击 按钮,可删除当前所选的通道。

单击 按钮,此眼睛图标表示当前通道是否可见。隐藏该图标,表示该通道为不可见状态;显示该图标,则表示该通道为可见状态。

单击"通道"面板右上角的 按钮,可弹出如图 6-3 所示的"通道"面板菜单,其中包含了有关对通道的操作命令。此外,用户可以选择"通道"面板菜单中的"面板选项"命令,在弹出的"通道面板选项"对话框(见图 6-4)中调整每个通道缩览图的大小。

注意:在编辑通道的过程中,用户不要轻易地修改原色通道,如果必须要修改,最好将原色通道进行复制,然后在其副本上进行修改。

图 6-3 "通道"面板菜单　　　　　图 6-4 "通道面板选项"对话框

6.2 通道的操作

通道的基本操作主要包括通道的创建、复制、删除和保存以及通道与选区之间的转换等,这些操作主要通过通道面板来完成。

6.2.1 新建通道

单击"通道"面板右上角的按钮,从弹出的面板菜单中选择"新建通道"命令,即可弹出"新建通道"对话框,如图 6-5 所示。

在"名称"文本框中可设置新通道的名称,如果不输入,则 Photoshop CC 会自动按Alpha 1、Alpha 2……来命名。

在"色彩指示"选项区中可以选择新通道的颜色显示方式。选中"被蒙版区域"单选按钮,新建的通道中有颜色的区域代表被遮盖的范围,而没有颜色的区域为选区;选中"所选区域"单选按钮,新建的通道中没有颜色的区域代表被遮盖的范围,而有颜色的区域则为选区。

在"颜色"选项区中可设置显示蒙版的颜色与不透明度。默认状态下,该颜色为半透明的红色。

单击"确定"按钮,可在"通道"面板中新建一条通道,并且该通道会自动设为当前作用通道,如图 6-6 所示。

图 6-5 "新建通道"对话框　　　　　图 6-6 建立新通道

技巧：按住 Alt 键的同时单击"创建新通道"按钮，也可弹出"新建通道"对话框。

6.2.2 复制和删除通道

保存了一个选区后，对该选区进行编辑时，通常要先将该通道的内容复制后再编辑，以免编辑后不能还原。复制通道的操作方法如下。

（1）先选中要复制的通道，然后在"通道"面板菜单中选择"复制通道"命令，弹出"复制通道"对话框，如图 6-7 所示。

图 6-7 "复制通道"对话框

（2）在"为"输入框中可设置通道的名称。

（3）在"文档"下拉列表中可选择要复制的文件，默认为通道所在的图像文件。

（4）选中"反相"复选框，复制通道时将会把通道内容反相显示。

（5）单击"确定"按钮，可复制通道。

为了节省硬盘的存储空间，提高程序的运行速度，用户可以删除一些没有用的通道，其删除的方法有以下 3 种。

（1）选择要删除的通道，在"通道"面板菜单中选择"删除通道"命令即可。

（2）选择要删除的通道，在"通道"面板底部单击"删除当前通道"按钮，可弹出如图 6-8 所示的提示框。单击"是"按钮，删除通道。

图 6-8 是否删除提示框

（3）将要删除的通道直接拖至"通道"面板底部的"删除当前通道"按钮上可直接删除通道。

6.2.3 存储通道

并不是所有的图像文件中都包含通道信息，因此在存储文件时，如果希望将通道进行存储，则应选择能存储通道的文件格式，如 PSD、DCS、PICT、TIFF 等文件格式。

6.2.4 选区与通道之间的转换

在 Photoshop CC 中可以将选区转换为通道，同样也可以将通道转换为选区。

1. 将选区保存为通道

在图像中创建需要保存的选区，在"通道"面板底部单击"将选区存储为通道"按钮，选区就会保存为 Alpha 通道，如图 6-9 所示。

图 6-9　将选区保存为通道

也可以通过菜单命令来完成此操作。选择菜单栏中的"选择"→"存储选区"命令，可弹出"存储选区"对话框，如图 6-10 所示。

图 6-10　"存储选区"对话框

在"文档"下拉列表中可以选择选区所要保存的目的文件。可以是当前文件，也可以是其他打开的图像文件，但其他图像文件的大小与模式必须与当前文件的大小与模式相同。

在"通道"下拉列表中可以选择选区所要保存的通道位置。

在"名称"文本框中可以输入新通道的名称。

如果要将选区存储到已有的通道中，则可以在"操作"选项区中选择选区的组合方式。

单击"确定"按钮，即可将选区保存为 Alpha 通道。

2. 将通道载入选区

选中要载入的 Alpha 通道，然后在"通道"面板底部单击"将通道作为选区载入"按钮 ，或选择菜单栏中的"选择"→"载入选区"命令，都可以将所选的通道载入选区。

6.2.5　分离与合并通道

利用"通道"面板菜单中的"分离通道"命令可以将图像中的各个通道分离出来，使其各自成为一个单独的文件。使用此命令时的图像必须是只含有一个背景图层的图像。如果当前图像含有多个图层，则需先合并图层，否则无法使用此命令。

选择"分离通道"命令后,每个通道都会从原图像中分离出来,分离后的各个文件都将以单独的窗口显示在屏幕上。这些图像均为灰度图像,不含有任何色彩,如图 6-11 所示。

红通道　　　　　　　　　　绿通道　　　　　　　　　　蓝通道

图 6-11　分离后的通道

分离后的通道可以分别进行编辑与修改操作。修改完后,可选择"通道"面板菜单中的"合并通道"命令重新合并通道成一幅图像。其操作方法如下。

(1) 在"通道"面板菜单中选择"合并通道"命令,可弹出"合并通道"对话框,如图 6-12 所示。

(2) 在此对话框中可以选择一种颜色模式,在"通道"输入框中可输入通道的数目。

(3) 单击"确定"按钮,可弹出"合并 RGB 通道"对话框,如图 6-13 所示。

图 6-12　"合并通道"对话框　　　　　　　图 6-13　"合并 RGB 通道"对话框

(4) 在此对话框中可以分别为三原色通道选择相应的文件。一般使用默认值,单击"确定"按钮,将通道合并。

6.2.6　专色通道

在 Photoshop CC 中除可以新建 Alpha 通道外,还可以新建专色通道。专色是特殊的预混油墨,可用于替代或补充印刷色(CMYK)油墨。当将一个包含有专色通道的图像进行打印输出时,这个专色通道会成为一张单独的页被打印出来。

要创建专色通道,首先在"通道"面板菜单中选择"新建专色通道"命令,或按住 Ctrl 键的同时单击"创建新通道"按钮 ,此时弹出"新建专色通道"对话框,如图 6-14 所示。

图 6-14　"新建专色通道"对话框

在"名称"文本框中可设置新建专色通道的名称。如果不输入,Photoshop CC 会自动依次命名为"专色1""专色2"……以此类推;单击"颜色"右侧的颜色块,可从弹出的"拾色器"对话框中选择油墨的颜色,在"密度"文本框中可输入0~100%的值来确定油墨的密度。

单击"确定"按钮,完成创建专色通道,如图6-15所示。

选择"通道"面板菜单中的"合并专色通道"命令,可将专色通道与其他通道合并。由于专色通道没有完全相对应的RGB和CMYK颜色,因此合并时会损失一些信息,其具体的合并方法如下。

图6-15 创建的专色通道

(1)打开一幅图像,并使用文字工具在图像中输入文字,如图6-16所示。

图6-16 打开图像并输入文字

(2)按住Ctrl键并单击文字缩览图,将文字载入选区,然后新建一个专色通道,此时图像与"通道"面板显示如图6-17所示。

图6-17 新建专色通道

(3)选择"通道"面板菜单中的"合并专色通道"命令,弹出一个提示框,如图6-18所示。

图6-18 拼合图层提示框

（4）单击"确定"按钮，合并专色通道到图像中，此时文字将融合到图像中，效果如图 6-19 所示。

图 6-19   合并专色通道后的效果

6.3   蒙版的应用

蒙版分为快速蒙版、通道蒙版、图层蒙版、剪贴蒙版和矢量蒙版。本节将进行详细介绍。

6.3.1   使用快速蒙版

快速蒙版是用于创建和查看图像的临时蒙版，可以不使用"通道"面板而将任意选区作为蒙版来编辑。把选区作为蒙版的好处是可以运用 Photoshop CC 中的绘图工具或滤镜对蒙版进行调整，如果用选择工具在图像中创建一个选区后，进入快速蒙版模式，这时可以用画笔来扩大（选择白色为前景色）或缩小选区（选择黑色为前景色），也可以用滤镜中的命令来修改选区，并且这时仍可运用选择工具进行其他操作。

快速蒙版的创建比较简单，先在图像中创建任意选区（见图 6-20（a）），然后单击工具箱中的"以快速蒙版模式编辑"按钮▣ 或按 Q 键，都可为当前选区创建一个快速蒙版，如图 6-20（b）所示。

(a)   (b)

图 6-20   创建快速蒙版

从图 6-20 可以看出，选区外的部分被某种颜色覆盖并保护起来（在默认的情况下是不透明度为 50% 的红色），而选区内的部分仍保持原来的颜色，这时可以对蒙版进行扩大、缩小等各种操作。另外，在"通道"面板的最下方将出现一个"快速蒙版"通道，如图 6-21 所示。

操作完毕，单击工具箱中的"以普通模式编辑"按钮 ▣，可以将图像中未被快速蒙版保护的区域转化为选区。

图 6-21　添加快速蒙版效果

　　如果对蒙版编辑时进行了各种模糊处理,那么该蒙版中灰度值小于 50％的图像区域将会转化为选区。此时可以对选区中的图像进行各种编辑操作,且各操作只对选区中的图像有效。

　　下面通过一个例子介绍快速蒙版的使用方法,具体的操作步骤如下。

　　(1)打开一幅图像,并利用矩形选框工具在其中创建选区,如图 6-22 所示。

　　(2)单击工具箱中的"以快速蒙版模式编辑"按钮 ,为创建的选区添加快速蒙版,如图 6-23 所示。

图 6-22　打开图像并创建选区

图 6-23　添加快速蒙版

　　(3)选择"滤镜"→"素描"→"影印"命令,弹出"影印"对话框,设置参数如图 6-24 所示,然后单击"确定"按钮,效果如图 6-25 所示。

图 6-24　"影印"对话框

（4）单击工具箱中的"以普通模式编辑"按钮⊙，转换到普通模式，效果如图 6-26 所示。

图 6-25　影印滤镜效果　　　　　　　　　图 6-26　转换到普通模式效果

（5）按 Ctrl＋Shift＋I 组合键反选选区，并用白色填充选区，效果如图 6-27 所示。

（6）按 Ctrl＋D 组合键取消选区，单击工具箱中的"文字工具"按钮█，在图像中输入白色文字"画中画"，最终效果如图 6-28 所示。

图 6-27　填充效果　　　　　　　　　　　图 6-28　最终效果图

6.3.2　使用通道蒙版

通道蒙版可以将通道蒙版中的选区保存下来，它为用户提供了一种快捷灵活的存储和选择图像选区的方法。

在 Photoshop CC 中，创建通道蒙版的方法有以下 3 种。

（1）在图像中创建选区后，单击"通道"面板底部的"将选区存储为通道"按钮█，即可创建一个 Alpha 通道，用于存储图像选区。

（2）使用快速蒙版创建图像选区后，单击"通道"面板底部的"将选区存储为通道"按钮█，即可创建一个通道蒙版。

（3）在图像中创建选区后，选择"选择"→"存储选区"命令，弹出"存储选区"对话框，如图 6-29 所示，在该对话框中设置适当的参数后，单击"确定"按钮，即可将选区保存为通道。

在图像中创建通道蒙版后，可以使用工具箱中的绘图工具、调整命令和滤镜命令等来编辑通道蒙版。通道蒙版的编辑主要针对 Alpha 通道，Alpha 通道中的选区可以随时调用，而不用重复选取。

图 6-29　"存储选区"对话框

6.3.3　使用图层蒙版

图层蒙版用于控制图层中的不同区域如何被显示或隐藏。通过使用图层蒙版,可以将需要处理的部分以外的图像保护起来,以免在处理图像时受到影响。蒙版和选取范围有着紧密的联系,它们之间可以相互转换。

1. 创建图层蒙版

图层蒙版的创建方法很多,下面介绍几种常用的创建方法。

(1) 选中需要创建蒙版的图层,单击"图层"面板底部的"添加图层蒙版"按钮 ，即可为所选的图层添加图层蒙版,如图 6-30 所示。

图 6-30　图层蒙版的创建

注意：蒙版只能在普通图层中使用,在背景图层中不能创建蒙版。

(2) 选择"图层"→"图层蒙版"命令,在弹出的子菜单(见图 6-31)中选择相应的命令即可为图层添加相应的蒙版。

图 6-31　添加图层蒙版子菜单

2. 删除图层蒙版

当用户不再需要使用蒙版时，可以先选中需要删除蒙版的图层，再单击选中图层蒙版图标，用鼠标将它拖动到"删除图层"按钮 🗑 上，可弹出提示框，如图 6-32 所示。单击"应用"按钮，蒙版将应用到图层；单击"取消"按钮，将放弃删除操作；单击"删除"按钮，蒙版将被删除，但不会影响图层中的图像。

图 6-32　应用蒙版提示框

3. 链接和取消链接图层与图层蒙版

当用户新建一个蒙版后，在图层缩略图后面会出现一个蒙版缩略图，中间有一个链接符号 🔗，此时图层与蒙版是处于链接状态的，单击该链接符号，符号消失，图层与蒙版处于分离状态。图 6-33(a)所示为链接图层与图层蒙版，图 6-33(b)所示为取消图层与图层蒙版之间的链接关系。

创建好蒙版后，需要对蒙版进行编辑操作，以达到满意的效果。在编辑过程中应注意以下几点。

(1) 在对图层上的蒙版进行操作时，需要确定蒙版是否处于选中状态。

(2) 可以在没有建立蒙版之前先创建选区，然后建立蒙版，也可以在建立蒙版之后，用工具箱中的某些工具对蒙版进行处理。

(a)　　　　　　　　　(b)

图 6-33　链接和取消链接图层与图层蒙版

6.3.4　剪贴蒙版

剪贴蒙版是通过一个对象的形状来控制其他图层的显示区域。剪贴蒙版主要由基底图层和内容图层组成,是指通过使用处于下层图层的形状(基底图层)来限制上层图层(内容图层)的显示状态。剪贴蒙版可通过一个图层控制多个图层的可见内容,而图层蒙版和矢量蒙版只能控制一个图层。下面通过一个例子介绍剪贴蒙版的使用方法,具体的操作步骤如下。

图 6-34　新建"内容"图层
与"基底"图层

(1) 打开一幅图像,在"图层"面板中将其重新命名为"内容",在"图层"面板中新建一个图层命名为"基底",把"基底"图层与"内容"图层位置对调,如图 6-34 所示。

(2) 在工具箱中选择"自定形状"工具,在其属性栏中将"形状"设置为"红心形卡",在"基底"图层中进行绘制,效果如图 6-35 所示,"图层"面板如图 6-36 所示。

图 6-35　红心形卡效果图

图 6-36　在"基底"图层绘制

(3) 在"图层"面板中,选择"内容"图层,选择菜单"图层"→"创建剪贴蒙版"命令或按 Alt+Ctrl+G 组合键,将该图层与下面的图层创建为一个剪贴蒙版组。"图层"面板如图 6-37 所示,效果如图 6-38 所示。

(4) 选择"基底"图层,在"图层"面板下方单击"添加图层样式"按钮,弹出"图层样式"对话框,如图 6-39 所示。

图 6-37 创建剪贴蒙版组

图 6-38 应用剪贴蒙版后的效果

图 6-39 "图层样式"对话框

（5）选择"内阴影"样式，在对话框中设置参数，如图 6-40 所示，单击"确定"按钮，效果如图 6-41 所示。

图 6-40 "图层样式-内阴影"对话框

图 6-41 添加阴影样式后的效果

注意：

（1）若需要继续添加内容作为剪贴蒙版，则重复步骤（3）即可。

（2）若需要释放剪贴蒙版，可选择"内容"图层，然后选择菜单"图层"→"释放剪贴蒙版"命令，或按 Alt＋Ctrl＋G 组合键即可释放剪贴蒙版。

6.3.5 矢量蒙版

矢量蒙版通过路径和矢量形状来控制图像的显示区域。矢量蒙版是由钢笔工具和自定形状工具等矢量工具创建的蒙版，它与分辨率无关，无限放大都能保持图像的清晰度。使用矢量蒙版抠图，不仅可以保证原图不会受损，而且可以随时用钢笔工具修改形状。下面通过一个例子介绍矢量蒙版的使用方法，具体的操作步骤如下。

（1）打开一幅图像，在工具箱中选择"椭圆工具"，在其"属性栏"中，将"选择工具模式"改为"路径"，在图像中进行绘制，效果如图 6-42 所示。

（2）在菜单"图层"→"矢量蒙版"→"当前路径"命令，或按 Ctrl 键的同时单击"图层"面板下方的■按钮，即可创建基于当前路径的矢量蒙版，"图层"面板如图 6-43 所示，效果如图 6-44 所示。

图 6-42 绘制路径

图 6-43 创建矢量蒙版

（3）在"图层"面板中，单击矢量蒙版缩览图，进入蒙版编辑状态，此时缩览图外会出现一个白色的外框（见图 6-45），可使用矢量工具绘制该矢量图，系统会自动将其添加到矢量蒙版中,如图 6-46 所示。

图 6-44　应用矢量蒙版效果

图 6-45　编辑矢量蒙版

　　注意:在"图层"面板中,单击矢量蒙版缩览图,使用路径选择工具,还可以对其中的路径进行复制、删除、变换等操作,如图 6-47 所示。

图 6-46　继续添加矢量图效果

图 6-47　"路择选择工具"变换

6.4　任务实现

6.4.1　任务 1　制作撕纸效果

　　利用所学的知识制作撕纸效果,操作步骤如下。

　　(1) 新建一个图像文件,设置背景为白色,再打开一幅图像,使用移动工具将其移至新建的图像文件中,自动生成"图层 1",调整"图层 1"中图像的大小,如图 6-48 所示。

图 6-48　调整图像

（2）确认"图层 1"为当前图层，设置前景色为棕色（R：105，G：49，B：50），选择菜单栏中的"编辑"→"描边"命令，弹出"描边"对话框，设置参数如图 6-49 所示。

（3）单击"确定"按钮，描边后的效果如图 6-50 所示。

图 6-49　"描边"对话框

图 6-50　描边后的效果

（4）选择菜单栏中的"图层"→"图层样式"→"投影"命令，弹出"图层样式"对话框，设置参数如图 6-51 所示。

图 6-51　"投影"选项参数设置

（5）单击"确定"按钮，即可为图像添加投影效果，如图 6-52 所示。

（6）在"通道"面板底部单击"创建新通道"按钮 ，新建 Alpha 1 通道，如图 6-53 所示。

（7）单击工具箱中的"套索工具"按钮 ，在图像中创建选区，如图 6-54 所示。

（8）设置前景色为白色，按 Alt＋Delete 组合键填充选区，如图 6-55 所示。

图 6-52　添加投影效果

图 6-53   新建通道

图 6-54   创建选区

图 6-55   填充选区及"通道"面板

(9) 按 Ctrl+D 组合键取消选区,选择菜单栏中的"滤镜"→"像素化"→"晶格化"命令,弹出"晶格化"对话框,设置参数如图 6-56 所示。

图 6-56   "晶格化"对话框

(10) 单击"确定"按钮,应用晶格化滤镜后的效果如图 6-57 所示。

(11) 返回到 RGB 通道,选择菜单栏中的"选择"→"载入选区"命令,在弹出的"载入选区"对话框中选择 Alpha 1 通道,如图 6-58 所示。

图 6-57　使用晶格化滤镜效果　　　　　　　图 6-58　"载入选区"对话框

（12）单击"确定"按钮，将载入 Alpha 1 通道，使用"移动工具"移动选区，效果如图 6-59 所示。

（13）按 Ctrl＋D 组合键取消选区，撕纸效果制作完成，最终效果如图 6-60 所示。

图 6-59　移动选区　　　　　　　　　　图 6-60　最终效果图

6.4.2　任务 2　添加图像旋转边框

利用所学的知识添加图像旋转边框，操作步骤如下。

（1）按 Ctrl＋O 组合键，打开两张素材文件，如图 6-61 所示。

图 6-61　打开素材

（2）选择"移动工具" ，将人物图片拖到名为 1 的图像文件窗口中的适当位置，并调整其大小，如图 6-62 所示。

（3）在"图层"面板中将新生成的"图层 1"重新命名为"人物"，如图 6-63 所示。

图 6-62 移动图像效果   图 6-63 "图层"面板

（4）在工具箱中选择"自定形状工具" ，单击属性栏中的"选择工具模式"按钮 ，选择"路径"选项；单击属性栏中的"形状"按钮 形状: ，弹出"形状"面板，如图 6-64 所示，单击面板右上方的黑色按钮 ，弹出快捷菜单，选择"台词框"选项，如图 6-65 所示，在弹出的提示对话框中，单击"追加"按钮，如图 6-66 所示。在"形状"面板中选择需要的图形，如图 6-67 所示。

图 6-64 "形状"面板   图 6-65 选择"台词框"选项

图 6-66 "台词框"提示框

图 6-67 选择图形

（5）在图像窗口中绘制一个不规则图形，如图 6-68 所示，按 Ctrl＋Enter 组合键，将路径转换为选区，如图 6-69 所示。

图 6-68 绘制图形

图 6-69 转换选区

（6）单击工具箱下方的"以快速蒙版模式编辑"按钮，进入蒙版状态，如图 6-70 所示。选择"滤镜"→"像素化"→"晶格化"命令，在弹出的对话框中进行设置，如图 6-71 所示，单击"确定"按钮，效果如图 6-72 所示。

图 6-70 使用快速蒙版模式

图 6-71 "晶格化"对话框

(7) 选择菜单"滤镜"→"扭曲"→"旋转扭曲"命令,在弹出的对话框中进行设置,如图 6-73 所示。单击"确定"按钮,并调整其位置,效果如图 6-74 所示。

图 6-72   使用"晶格化"效果

图 6-73   "旋转扭曲"对话框

(8) 选择"橡皮擦工具" ，在属性栏中单击"画笔"右侧的下拉按钮,弹出"画笔选择"面板,在其面板中进行选择,如图 6-75 所示。

图 6-74   使用"旋转扭曲"效果

图 6-75   "画笔选择"面板

(9) 在图像窗口中擦除不需要的图像,效果如图 6-76 所示。

(10) 单击工具箱下方的"以标准模式编辑"按钮 ，恢复到标准编辑状态,蒙版形状转换为选区,效果如图 6-77 所示。按 Ctrl+Shift+I 组合键将选区反选,按 Delete 键删除选区中的图像,按 Ctrl+D 组合键取消选区,效果如图 6-78 所示。

(11) 单击"图层"面板下方的"添加图层样式"按钮 ，在弹出的菜单中选择"投影"命令,在弹出的对话框中进行设置相应参数,如图 6-79 所示。单击"确定"按钮,效果如图 6-80 所示。

(12) 按 Ctrl+O 组合键,打开素材文件,如图 6-81 所示。

(13) 选择"移动工具" ，将装饰图片拖到图像窗口中,按

图 6-76   擦除图像效果

Ctrl＋T 组合键,右击选择"水平翻转"命令,然后将图片移至适当的位置,按 Enter 键,在"图层"面板中将新生成的图层重新命名为"边框装饰",如图 6-82 所示,最终效果如图 6-83 所示。

图 6-77　取消快速蒙版效果

图 6-78　删除背景效果

图 6-79　"图层样式-投影"对话框

图 6-80　使用投影样式效果

图 6-81　打开素材文件

图 6-82　新生成"边框装饰"图层　　　　　　　图 6-83　最终效果

小结

　　本章主要介绍了通道与蒙版的基本功能与操作方法。通过学习,用户应该对通道与蒙版有一个更深的了解,并通过通道与蒙版的编辑和使用,制作出漂亮的文字或图像效果。

习题

　　(1) 新建一幅图像,利用通道制作如图 6-84 所示的文字效果。

图 6-84　利用通道制作文字效果

　　(2) 使用通道调整图像颜色,如图 6-85 所示。

图 6-85　使用通道调整图像颜色

（3）打开提供的素材文件，使用图层蒙版合成一张图片，使用"画笔工具"编辑、隐藏与显示区域，制作深林中小驴的效果，如图 6-86 所示。

图 6-86　合成图片

第 7 章

路径与形状的应用

路径和形状是 Photoshop CC 可以建立的两种矢量图形。由于它们是矢量图形，因此可以自由地缩小或放大，而不影响其分辨率，还可以输出到 Illustrator 矢量图形软件中进行编辑。

学习要点

1. 路径的概念
2. 常用创建路径工具
3. 编辑路径

学习任务

任务 1　绘制雨伞效果

任务 2　绘制相册框

7.1　路径的概念

路径是 Photoshop CC 的重要工具之一，利用路径工具可以绘制各种复杂的图形，并能够生成各种复杂的选区。灵活巧妙地使用路径工具往往可以使设计得到事半功倍的效果。

路径是指使用钢笔、自由钢笔工具等绘制的任何线条或形状。使用路径工具可以绘制精确的选区边界。

若要显示"路径"面板可选择"窗口"→"路径"命令，如图 7-1 所示，利用该面板可对路径进行填充、描边、保存等操作，并可以在选区和路径之间进行相互转换。

"路径"面板的中间是工作路径列表，列出了当前工作路径的缩略图及名称。用户可以双击路径名，在弹出的"重命名路径"对话框中输入新的路径名称。

"路径"面板的下方有 7 个按钮，其中大多数按钮的功能与"路径"面板菜单中的相对应，其具体功能介绍如下。

- ● ⬤：可用前景色填充路径包围的区域。
- ● ⬤：可用描绘工具对路径进行描边处理。
- ● ⬚：可将当前绘制的封闭路径转换为选区。
- ● ⬙：可将图像中创建的选区直接转换为工作路径。

图 7-1 "路径"面板

- ：可在当前图层添加图层蒙版。
- ：可在"路径"面板中创建新的路径。
- ：可将当前路径删除。

单击"路径"面板右上角的 按钮，弹出如图 7-2 所示的菜单，其中包含了所有用于路径的操作命令，如新建、复制、删除、填充和描边路径等。另外，用户可以选择"面板选项"命令，在弹出的""路径"面板选项"对话框(见图 7-3)中可调整路径缩览图的大小。

图 7-2 路径菜单

图 7-3 "路径面板选项"对话框

7.2 常用创建路径工具

在 Photoshop CC 中，常用的创建路径工具有钢笔工具、自由钢笔工具、矩形工具、圆角矩形工具、椭圆工具、多边形工具、直线工具和自定形状工具。下面将具体介绍如何利用这些工具来创建路径。

7.2.1　钢笔工具

钢笔工具是一种特殊的工具,用它可以创建精确的直线和平滑流畅的曲线,但是用它绘制出的矢量图形是不含任何像素的。单击工具箱中的"钢笔工具"按钮 ,其属性栏如图 7-4 所示。

图 7-4　"钢笔工具"属性栏

其属性栏中的部分选项介绍如下。

- 形状 ：在使用"钢笔工具"绘制图形后,不但可以绘制路径,还可以创建一个新的形状图层。形状图层可以理解为带形状剪贴路径的填充图层,图层中间的填充色默认为前景色,如图 7-5 所示。

图 7-5　使用"钢笔工具"绘制形状剪贴路径

- 路径 ：使用"钢笔工具"绘制某个路径后只产生形状所在的路径,而不产生形状图层,如图 7-6 所示。

图 7-6　使用"钢笔工具"绘制路径

- 像素 ：此按钮可用来填充像素。该按钮只有在当前工具是某个形状工具时才能被激活。使用某一种形状工具绘图时,既不产生形状图层也不产生路径,但会在当前图层中绘制一个有前景色填充的形状,如图 7-7 所示。
- ：可进行添加路径操作,即在原有路径的基础上绘制新的路径,如图 7-8 所示。
- ：可进行减去路径操作,即在原有路径的基础上绘制新的路径,最终的路径是原有

图 7-7　使用"钢笔工具"绘制图形

路径减去原有路径与新绘制路径的相交部分,如图 7-9 所示。

图 7-8　添加路径　　　　　　　　　　图 7-9　减去路径

- ▣:可进行相交路径操作,即在原有路径的基础上绘制新的路径,最终的路径是原有路径与新绘制路径交叉的部分,如图 7-10 所示。
- ▣:可对路径进行镂空操作,即在原有路径的基础上绘制新的路径,最终的路径是原有路径与新绘制路径的组合,但必须减去两者的相交部分,如图 7-11 所示。

图 7-10　交叉路径　　　　　　　　　　图 7-11　减去重叠部分路径

- 自动添加/删除:可以在绘制形状时自动添加或删除节点。

使用"钢笔工具"创建路径的具体方法如下。

(1) 单击工具箱中的"钢笔工具"按钮，移动光标到图像窗口,单击,以此确定线段的起始锚点。

技巧:如果要使绘制的直线路径呈垂直方向、水平方向或 45°角方向,可以在绘制直线的同时按住 Shift 键。

（2）移动鼠标到下一锚点单击就可以得到第二个锚点，这两个锚点之间会以直线连接，如图 7-12 所示。

图 7-12　绘制的直线路径

（3）继续单击其他要设置节点的位置，在当前节点和前一个节点之间以直线连接。如果要绘制曲线路径，将指针拖移到另一位置，然后按住左键拖动鼠标，即可绘制平滑曲线路径，如图 7-13 所示。

（4）将钢笔指针放在起始锚点处，使指针变为 形状，然后单击，即可绘制封闭的路径，如图 7-14 所示。

图 7-13　绘制的曲线路径　　　　　图 7-14　绘制的封闭路径

7.2.2　自由钢笔工具

使用自由钢笔工具就像用钢笔在纸上绘画一样绘制路径，一般用于比较简单的路径绘制。用此工具创建路径时，无须指定其具体位置，它会自动确定锚点。单击工具箱中的"自由钢笔工具"按钮 ，其属性栏如图 7-15 所示。

图 7-15　"自由钢笔工具"属性栏

"自由钢笔工具"属性栏中只有"磁性的"选项与"钢笔工具"属性栏的选项不同，选中此复选框，绘制路径时会在路径上自动附着带有磁性的锚点。

使用自由钢笔工具绘制路径很简单，在图像窗口中适当位置处单击并拖动就可以创建所需要的路径，然后释放鼠标完成路径的绘制。如果要绘制封闭的路径，可将鼠标指针放在起始锚点处，使指针变为 形状，然后单击，即可绘制封闭的路径，如图 7-16 所示。

图 7-16　使用自由钢笔工具绘制路径

7.2.3　形状工具

使用形状工具可以绘制各种各样的形状,并且还可将绘制的形状转换为路径。这样对于绘制一些特定的路径就会非常方便。

1. 矩形工具

矩形工具用于绘制矩形和正方形。单击工具箱中的"矩形工具"按钮 ,或按 Shift＋U 组合键,其属性栏如图 7-17 所示。

图 7-17　"矩形工具"属性栏

- 路径 ：用于选择创建工作路径、创建路径形状或填充区域。
- 建立: 选区… ：用于将当前路径转换为选区。
- 蒙版 ：可以基于当前图层创建矢量蒙版。
- 形状 ：可以将当前路径转换为形状。
- ：用于设定所绘制矩形的形状,单击该按钮,弹出如图 7-18 所示面板。

图 7-18　矩形选项

  - 不受约束：可以绘制出任何大小的矩形。
  - 方形：可以绘制出任何大小的正方形。
  - 固定大小：可以在其后面的数值输入框中输入宽度(W)和高度(H),然后在图像上单击即可创建出矩形。
  - 比例：可以在其后面的数值输入框中输入宽度(W)和高度(H)比例,此后创建的矩形始终保持这个比例。
  - 从中心：以任何方式创建矩形时,选中该选项,鼠标单击点即为矩形的中心。
- 对齐边缘 ：可以使矩形的边缘与像素的边缘相重合,这样图形的边缘就不会出现锯齿;反之,则会出现锯齿。

在图像中单击并拖动鼠标可绘制矩形,按住 Shift 键不放同时单击并绘制,可得到正方形。原始图如图 7-19 所示,绘制矩形、正方形如图 7-20 所示,"图层"面板如图 7-21 所示。

图 7-19　原始图像

图 7-20　绘制矩形、正方形

图 7-21　"图层"面板

2. 圆角矩形工具

圆角矩形工具用于绘制具有圆角的矩形,其使用方法与矩形工具相似。

选择"圆角矩形工具" ,或按 Shift+U 组合键,其属性栏如图 7-22 所示。

形状　填充 描边 3点　W: 134 像 GD H: 136 像　半径: 10 像素 对齐边缘

图 7-22　"圆角矩形工具"属性栏

"圆角矩形工具"属性栏内容与"矩形工具"属性栏的选项内容相似,只是多了一个"半径"选项,用于设定圆角矩形的平滑程度,设置的数值越大,绘制出的矩形越平滑。

打开一幅图像,如图 7-23 所示。选择"圆角矩形工具",在属性栏中的"选择工具模式"选项中选择"像素"选项,并将"半径"设为 90 像素,在图片中绘制圆角矩形,效果如图 7-24 所示。

图 7-23　打开图像

图 7-24　绘制圆角矩形

3. 椭圆工具

椭圆工具用于绘制椭圆或正圆。

选择"椭圆工具" ,或按 Shift+U 组合键,其属性栏如图 7-25 所示。

像素　模式: 正常　不透明度: 100% ✓ 消除锯齿　对齐边缘

图 7-25　"椭圆工具"属性栏

椭圆工具的使用方法与矩形工具一样,选择"椭圆工具"后,在图像窗口中单击并拖动鼠标即可绘制。按住 Shift 键不放并拖动鼠标绘制即可得到正圆。

打开一幅图像如图 7-26 所示,在图像上绘制椭圆和正圆形状路径,如图 7-27 所示,"图层"面板如图 7-28 所示。

图 7-26　打开图像

图 7-27　绘制椭圆、正圆

图 7-28　"图层"面板

4. 多边形工具

多边形工具可以创建出正多边形(最少为 3 条边)和星形。

选择"多边形工具" ⬡，或按 Shift＋U 组合键，其属性栏如图 7-29 所示。

图 7-29　"多边形工具"属性栏

"多边形工具"属性栏的选项内容与"矩形工具"属性栏的选项内容类似，只是多了"边"选项，用于设定多边形的边数。

⚙：可以设置多边形的半径，或将多边形创建为星形等，单击该按钮后弹出如图 7-30 所示面板。

图 7-30　设置多边形

- 半径：用于设置多边形或星形的"半径"长度。设置好"半径"的数值后，在画布中拖曳鼠标即可创建出相应半径的多边形或星形。
- 平滑拐角：可以创建出具有平滑拐角效果的多边形或星形。
- 星形：可以创建星形下面的"缩进边依据"文本框中输入的是用于设置星形边缘向中心缩进的百分比，数值越高，缩进量越大。
- 平滑缩进：可以使星形的每条边向中心平滑缩进。图 7-31 所示依次为正五边形、五角星、缩进边依据为 40％的平滑拐角星形、平滑缩进的五角星。

图 7-31　不同选项的星形效果

注意：绘制多边形时的"半径"是指中心点到角的距离，而非中心点到边的距离，且绘制星形时，设置的边的条数，其实对应的为星形角的个数，即五条边对应五角星、六条边对应角星，以此类推。

5. 直线工具

使用直线工具可以创建出直线和带有箭头的路径。

选择"直线工具" ，或按 Shift＋U 组合键，其属性栏如图 7-32 所示。

图 7-32 "直线工具"属性栏

"直线工具"属性栏内容与"矩形工具"属性栏选项内容类似，只是多了"粗细"选项，用于设定直线的宽度。

- 粗细：用于设置直线或箭头的粗细。
- ⚙：可以设置箭头的样式，单击该按钮后会弹出如图 7-33 所示面板。
  - 起点：可以在直线的起点处添加箭头。
  - 终点：可以在直线的终点处添加箭头。
  - 宽度：用来设置箭头宽度与直线宽度的百分比，范围从 10％～1000％。图 7-34 为宽度分别为 200％、500％、1000％的箭头。

图 7-33 "箭头"面板

图 7-34 箭头不同宽度效果

  - 长度：用来设置箭头长度与直线宽度的百分比，范围从 10％～5000％。图 7-35 为长度分别为 200％、500％、1000％的箭头。
  - 凹度：用来设置箭头的凹陷程度，范围从 −50％～50％。值为 0 时，箭头尾部平齐；值大于 0 时，箭头尾部向内凹陷。图 7-36 为凹度分别为 −50％、50％的箭头。

图 7-35 箭头不同长度效果

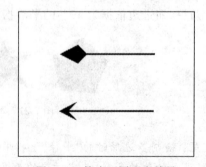

图 7-36 箭头不同凹度效果

注意：用直线工具绘制图形时，按住 Shift 键可以绘制水平或垂直的直线。

6. 自定义形状工具

使用自定义形状工具可以创建出非常多的形状。

选择"自定义形状工具" ，或按 Shift＋U 组合键，其属性栏如图 7-37 所示。

图 7-37 "自定义形状工具"属性栏

"自定形状工具"属性栏内容与"矩形工具"属性栏的选项内容类似，只是多了"形状"选项，用于选择所需的形状。

单击"形状"选项右侧的按钮 ，弹出如图 7-38 所示的形状面板，面板中存储了可供选择的各种不规则形状。

选择工具箱中的"自定义形状工具" ，在其属性栏中的"选择工具模式"中选择"像素"选项，单击"形状"选项右侧的三角形按钮 ，在弹出的下拉列表中选择 形状，然后在图像中拖动鼠标绘制形状，如图 7-39 所示。

图 7-38 自定义形状工具

图 7-39 绘制的形状

注意：按住 Shift 键不放并绘制，可得到长宽等比的形状。在 Photoshop CC 中，预设的自定义形状工具是有限的，要使用外部提供的形状，必须先将形状载入形状库中。方法为：在"形状"下拉列表右上角单击按钮 ，在打开的菜单中选择"载入形状"命令，打开"载入"对话框，选择要载入的形状，单击"载入"按钮 ，该形状即可添加至"形状"下拉列表框中。

7.2.4 编辑锚点工具

编辑锚点工具包含在钢笔工具组中，其中有添加锚点工具、删除锚点工具和转换锚点工具 3 种。下面将以如图 7-40 所示的路径具体进行介绍。

1. 添加锚点

单击工具箱中的"添加锚点工具"按钮 ，将鼠标指针放在需要添加锚点的路径上，当指针变为 形状时单击，即可在如图 7-40 所示的路径上添加一个新的锚点，效果如图 7-41 所示。

2. 删除锚点

单击工具箱中的"删除锚点工具"按钮 ，将鼠标指

图 7-40 绘制的示例路径

针放在路径中需要删除的锚点上,当鼠标指针变为 ⌴ 形状时单击,即可删除图 7-40 所示的路径上的锚点,效果如图 7-42 所示。

图 7-41　添加新锚点　　　　　　　　图 7-42　删除路径中右上角的锚点

3. 转换锚点

单击工具箱中的"转换锚点工具"按钮 ,将鼠标指针放在路径中需要转换的锚点上,当指针变为 ⊢ 形状时单击并拖动,即可转换路径上的锚点,效果如图 7-43 所示。

图 7-43　转换路径上的锚点

7.3　编辑路径

绘制完路径后,可将路径转换为选区范围来进行各种编辑,也可以通过填充或描边的方式为路径添加颜色。路径的编辑主要包括选择路径、填充路径、描边路径以及将路径转换为选区等。

7.3.1　选择路径

要对路径进行编辑,首先要选择路径。工具箱中的路径选择工具组可用来选择路径,其中包括路径选择工具和直接选择工具。

1. 路径选择工具

路径选择工具 ,用于选择完整路径。选择"路径选择工具",在路径上单击即可选中该路径,在路径上按住并拖动鼠标,可移动选中路径的位置,如图 7-44 所示。

2. 直接选择工具

直接选择工具 ,可用来移动路径中的锚点和线段,也可以调整方向线和方向点,在调

图 7-44　选择并移动路径

整时对其他的点或线无影响,如图 7-45 所示。

图 7-45　选择并编辑线段、锚点、控制柄

用直接路径选择工具选择路径有以下 3 种方法。

(1) 若要选择整条路径,在选择路径的同时按住 Alt 键,然后单击该路径。

(2) 直接用鼠标拖曳出一个选框围住要选择的路径部分。

(3) 若要连续选择多个路径,可在选择时按住 Shift 键,然后单击需要选择的每一个路径。

使用直接路径选择工具还可以调整和删除线段,具体说明如下。

(1) 若要调整直线段,可单击工具箱中的"直接路径选择工具"按钮,选择要调整的线段,然后用鼠标选择一个锚点进行拖曳,可以调整线段的角度和长度。

(2) 若要调整曲线段,可单击工具箱中的"直接路径选择工具"按钮,选择要调整的曲线段或点,然后用鼠标拖曳锚点,或拖曳方向点。

(3) 若要删除路径,可单击工具箱中的"直接路径选择工具"按钮,选择要删除的曲线或直线段,然后按 Backspace 键或按 Delete 键都可删除所选的线段,继续按 Backspace 键或按 Delete 键可删除余下的路径。

7.3.2　填充路径

填充路径可按指定的颜色、图像或图案填充路径区域,具体的操作方法如下。

在"路径"面板中选择需要填充的路径后,单击"路径"面板右上角的按钮,在弹出的"路径"面板菜单中选择"填充路径"命令,可弹出"填充子路径"对话框,如图 7-46 所示。

在"填充路径"对话框中,单击"内容"选项右侧的三角形按钮可在弹出的下拉列表中设置填充路径样式,如图 7-47 所示。设置好各项参数后,单击"确定"按钮即可填充路径。

如图 7-48 所示为使用图案填充路径效果。

图 7-46 "填充子路径"对话框

图 7-47 选择填充路径样式下拉列表

图 7-48 用图案填充路径效果

7.3.3 描边路径

在 Photoshop CC 中,可使用画笔、橡皮擦和图章等工具来描边路径,具体的操作方法如下。

在"路径"面板中选择需要描边的路径后,单击"路径"面板右上角的 按钮,在弹出的"路径"面板菜单中选择"描边路径"命令,可弹出"描边路径"对话框,如图 7-49 所示。

图 7-49 "描边路径"对话框

在"描边路径"对话框中,单击"工具"右侧的下三角按钮,可在弹出的下拉列表中选择用来描边的工具,如图 7-50 所示。设置好各项参数后,单击"确定"按钮即可描边路径。如图 7-51 所示为使用画笔描边路径效果。

还可以直接在工具箱中单击"画笔工具"按钮 ,在其属性栏中设置好各属性,然后单击"路径"面板底部的"用画笔描边路径"按钮 ,即可对路径进行描边。

图 7-50　"描边工具"下拉列表　　　　图 7-51　用"画笔工具"描边路径效果

7.3.4　路径与选区的转换

将路径转换为选区的方法有以下 4 种。

（1）在"路径"面板上选择需要转换的路径，然后单击"将路径作为选区载入"按钮 ，即可将该路径转换为选区。

（2）用鼠标直接将需要转换的路径拖动到"将路径作为选区载入"按钮 上，也可将路径转换为选区。

（3）选择需要转换的路径，然后单击"路径"面板右上角的 按钮，在弹出的"路径"面板菜单中选择"建立选区"命令，可弹出"建立选区"对话框，如图 7-52 所示。在该对话框中可设置需要转换的路径所在选区的相关参数，单击"确定"按钮，即可将路径转换为选区。

图 7-52　"建立选区"对话框

（4）按住 Ctrl 键的同时单击"路径"面板上需要转换的路径，即可快速地将路径转换为选区，效果如图 7-53 所示。

若要将创建的选区转换为路径，单击"路径"面板底部的"从选区生成工作路径"按钮即可。

转换前 转换后

图 7-53 将路径转换为选区的前后效果对比

7.4 任务实现

7.4.1 任务 1 绘制雨伞效果

利用所学的知识绘制雨伞效果,操作步骤如下。

(1) 按 Ctrl+N 组合键,在弹出的"新建"对话框中设置参数如图 7-54 所示,单击"确定"按钮,新建一个图像文件。

图 7-54 "新建"对话框

(2) 在工具箱中,将前景色设置为红色(R:105,G:196,B:254),选择"钢笔工具",在图像中绘制如图 7-55 所示。

(3) 按住 Alt 键不放,单击下方的锚点向右上方拖动,如图 7-56 所示。

(4) 在第二个锚点的右侧位置单击并向右拖动鼠标,绘制第三个点,如图 7-57 所示。

(5) 使用相同的方法,按住 Alt 键不放,单击第三个锚点的控制柄调整路径曲线弧度,如图 7-58 所示。

(6) 用步骤(2)和(3)的方法,绘制第四个锚点和第五个锚点并调整曲线弧度,如图 7-59 所示。

图 7-55　绘制第一个和第二个锚点

图 7-56　更改拖动锚点

图 7-57　绘制第三个锚点

图 7-58　更改拖动锚点

（7）利用"添加锚点工具" 和"路径选择工具" ，对图形进行调整，效果如图 7-60 所示。

图 7-59　绘制第四和第五个锚点

图 7-60　调整图形

（8）在"路径"面板下方单击"创建新路径"按钮，并将新路径命名为"伞柄"，如图 7-61 所示。

（9）使用"钢笔工具"绘制伞柄，如图 7-62 所示。

图 7-61　新建"伞柄"路径　　　　　　　图 7-62　绘制伞柄

（10）在"路径"面板中选择"工作路径"，在"路径"面板下方单击"将路径转化为选区"按钮 ▨，如图 7-63 所示。

（11）按 Ctrl+J 组合键复制选区生成新图层，"图层"面板如图 7-64 所示。

图 7-63　将路径转化为选区　　　　　　图 7-64　复制选区生成"图层 1"

（12）按住 Ctrl 键不放，同时单击"图层 1"，载入选区，如图 7-65 所示，选择工具箱中的"渐变工具"，在其属性栏中单击 ▬▬▬ 按钮，弹出"渐变编辑器"对话框，参数设置如图 7-66 所示，单击"确定"按钮，按 Ctrl+D 组合键取消选区，效果如图 7-67 所示。

（13）在"路径"面板中选择"伞柄"路径，在"图层"面板中选择"背景"图层，在工具箱中选择"直接选择工具"，调整伞柄的位置，如图 7-68 所示。

（14）在工具箱中，单击前景色按钮 ■，弹出"拾色器（前景色）"对话框，设置参数如图 7-69 所示，选择"画笔工具"，在其属性栏中设置画笔大小为 10 像素，在"路径"面板下方单击"用画笔描边"按钮 ◯，效果如图 7-70 所示，在"路径"面板中，取消选中"伞柄"路径，最终效果如图 7-71 所示。

图 7-65 载入选区

图 7-66 "渐变编辑器"对话框

图 7-67 填充渐变效果

图 7-68 调整伞柄

图 7-69 "拾色器(前景色)"对话框

图 7-70　用"画笔描边"效果　　　　　　　图 7-71　最终效果图

7.4.2　任务 2　绘制相册框

利用所学的知识绘制相册框效果,操作步骤如下。

(1) 按 Ctrl+N 组合键,在弹出的"新建"对话框中设置参数,如图 7-72 所示,单击"确定"按钮,新建一个图像文件,如图 7-73 所示。

图 7-72　"新建"对话框

(2) 在工具箱中选择"矩形工具" ▣,在图像窗口中绘制一个矩形,如图 7-74 所示。

(3) 按 Ctrl+C 组合键复制矩形,再按 Ctrl+V 组合键进行粘贴,按 Ctrl+T 组合键进入自由变换,如图 7-75 所示,按住 Alt+Shift 组合键不放,然后将鼠标移动到角点上进行拖动调整,如图 7-76 所示,最后按 Enter 键。

(4) 在工具箱中选择"直接选择工具" ▶,选中两个矩形路径,单击其属性栏按钮 ▣,选择"排除重叠形状"选项,"路径"面板如图 7-77 所示。

图 7-73　新建图像窗口

图 7-74　绘制矩形

图 7-75　矩形自由变换

图 7-76　调整矩形框

（5）在"路径"面板中，双击"工作路径"，输入"相框"，重命名后的"路径"面板如图 7-78 所示，按住 Ctrl 键不放，同时单击"相框"路径，载入选区，如图 7-79 所示，按 Ctrl＋J 组合键，复制选区生成"图层 1"，如图 7-80 所示。

图 7-77　组合路径

图 7-78　工作路径重命名

图 7-79　载入选区

图 7-80　复制选区生成图层

（6）在工具箱中选择"渐变工具" ，在其属性栏中，单击　　　按钮，弹出"渐变编辑器"对话框，如图 7-81 所示，设置左侧色块值为 R:70、G:165、B:185，右侧色块值为 R:145、G:200、B:220，在载入选区中拖曳鼠标，如图 7-82 所示，按 Ctrl＋D 组合键，取消选区。

图 7-81　渐变编辑器

图 7-82　填充渐变效果

（7）在"图层"面板中，双击"图层 1"，弹出"图层样式"对话框，如图 7-83 所示。选择"投影"样式选项，设置混合模式为"正片叠底"、不透明度为 50%、角度为 120，如图 7-84 所示，效果如图 7-85 所示。

图 7-83　"图层样式"对话框

图 7-84　设置投影样式

图 7-85　应用投影样式效果

（8）用相同的方法设置描边样式，大小为 2、位置为"外部"，效果如图 7-86 所示。

图 7-86　应用描边样式效果

　　(9) 在"路径"面板中,单击"创建新路径"按钮 ，选择"自定义形状工具" ，在其属性栏的"形状"下拉列表框中选择"花形装饰 1"形状,在图像中拖动绘制,如图 7-87 所示。

　　(10) 在"路径"面板中,按 Ctrl 键不放,同时单击"工作路径",载入选区,按 Ctrl+J 组合键,复制选区并生成"图层 2","图层"面板如图 7-88 所示,效果如图 7-89 所示。

图 7-87　绘制花形装饰 1 形状

图 7-88　复制选区生成"图层 2"

　　(11) 在"路径"面板中,按 Ctrl 键不放,同时单击"工作路径",载入选区,设置前景色为灰蓝色(R:44,G:140,B:160),按 Alt+Delete 组合键进行填充颜色后取消选区,效果如图 7-90 所示。

图 7-89　复制选区效果

图 7-90　填充颜色效果

　　(12) 在"图层"面板中选中"图层 2",按 6 次 Ctrl+J 组合键,复制 6 个图层,如图 7-91 所示,移动图层到相应的位置,效果如图 7-92 所示。

　　(13) 按 Ctrl+O 组合键,打开素材图像文件,如图 7-93 所示,选择"移动工具"将其拖入图 7-92 图像窗口中的合适位置,如图 7-94 所示,在"图层"面板中生成"图层 3",如图 7-95 所示。

　　(14) 在"图层"面板中将"图层 3"移动到"背景"图层上方,如图 7-96 所示,最终效果如图 7-97 所示。

图 7-91　复制 6 个图层

图 7-92　移动图像到相应的位置

图 7-93　素材图像

图 7-94　添加图像

图 7-95　生成"图层 3"

图 7-96　调整图层

图 7-97　最终效果图

小结

　　本章主要介绍了"路径"面板、路径的创建、路径的编辑和形状工具的应用与操作方法。通过学习,读者应熟练使用路径创建工具和形状创建工具创建所需的路径与形状,并利用路径编辑工具和形状编辑工具对所创建的路径与形状进行编辑。另外,还可在"路径"面板中将创建的路径和形状转换为选区,或对路径进行描边和填充。

习题

　　(1)利用钢笔工具,将小狗轮廓勾选出来,并将勾选的轮廓路径转换为选区,再将背景填充为白色,其效果如图 7-99 所示。

图 7-98　利用钢笔工具制作图像效果

　　(2)制作促销海报,效果如图 7-99 所示。

图 7-100　制作促销海报

（3）制作一个燃烧的红烛效果，如图 7-100 所示。

图 7-100　红烛效果图

第8章

文字的设计

在平面设计中,文字一直是画面不可缺少的元素,好的文字布局和设计有时会起到画龙点睛的作用,对于商业平面作品而言,文字更是不可缺少的内容,只有通过文字的点缀和说明,才能清晰、完整地表达作品的含义。

学习要点

1. 输入文字

2. 设置文字的属性

3. 文字图层的编辑

学习任务

任务1　制作显示器广告

任务2　制作网页 banner

8.1　输入文字

在 Photoshop CC 中,使用文字工具不仅可以输入横向或纵向的文字,还可以输入横向或纵向的文字选区。单击工具箱中的"横排文字工具" T ,可弹出如图 8-1 所示的文字工具组。

- 横排文字工具 T :可以在图像中输入横向的文字效果。
- 直排文字工具 IT :可以在图像中输入纵向的文字效果。
- 横排文字蒙版工具 T :可以在图像中输入横向的文字选区。
- 直排文字蒙版工具 IT :可以在图像中输入纵向的文字选区。

图 8-1　文字工具组

8.1.1　点文字

点文字是一种不能自动换行的单行文字,文字行的长度会随着输入文本长度的增加而增加,若要进行换行操作,可按 Enter 键。点文字通常用于输入名称、标题和一些简短的广告语等。

在 Photoshop CC 中,可利用工具箱中的横排文字工具或直排文字工具创建点文字,具体的操作方法如下。

(1) 单击工具箱中的"横排文字工具"按钮 T ,其属性栏如图 8-2 所示。

| T ▾ | IT | Adobe 黑体 Std R ▾ | iT 12点 ▾ | ªa 锐利 ▾ | ≣ ≣ ≣ | ■ | ⊥ | ⊞ |

图 8-2　"横排文字工具"属性栏

其各选项的含义介绍如下。

- IT :可以在横排文字和竖排文字之间进行相互切换。
- Blackadder ITC Reg... ▾ :该下拉列表中可以设置字体,字体的选项取决于系统装载字体的 类型。
- Regular ▾ :该下拉列表中可以设置字体的样式,包含 Regular(规则)、Italic(斜体)、 Bold(粗体)和 Bold Italic(粗斜体)。
- 48点 ▾ :该下拉列表框中可以设置字体大小,也可以直接在文本框中输入要设置 字体的大小。
- 犀利 ▾ :该下拉列表中可以设置不同的消除锯齿方法。其中包括"无""锐利" "犀利""浑厚""平滑" 5 个选项。字号较大时效果比较明显。
- ≣ ≣ ≣ :该组按钮可以设置文字的对齐方式。从左至右分别为左对齐文本、居中对 齐文本、右对齐文本。
- ■ :弹出"拾色器"对话框,在其中可以选择输入文字的颜色。
- ⊥ :弹出"变形文字"对话框,在其中可以设置文字的不同变形效果。
- ⊞ :可以显示或隐藏字符和段落面板。

(2) 设置完成后,在图像中需要输入文字的位置单击鼠标,将出现一个闪烁的光标,然 后输入所需的文字即可,效果如图 8-3 所示。

图 8-3　输入点文字效果

(3) 输入完成后,单击其他工具,或按 Ctrl+Enter 组合键,可以退出文字的输入状态。

8.1.2　段落文字

段落文字最大的特点就是在段落文本框中创建,根据外框的尺寸在段落中自动换行,常 用于输入画册、杂志和报纸等排版使用的文字。其具体的操作方法如下。

(1) 单击工具箱中的"横排文字工具"按钮 T 或"直排文字工具"按钮 IT ,在其属性栏 中设置相关的参数。

（2）设置完成后，在图像窗口中按下鼠标左键并拖曳出一个段落文本框，当出现闪烁的光标时输入文字后可得到段落文字，效果如图 8-4 所示。

图 8-4　段落文字效果

与点文字相比，段落文字可设置更多种对齐方式，还可以通过调整文本框使段落文本倾斜排列或使文本框大小发生变化。将鼠标指针放在段落文本框的控制点上，当指针变成 ↗ 形状时，可以很方便地调整段落文本框的大小，效果如图 8-5 所示。当指针变成 ↶ 形状时，可以对段落文本进行旋转，如图 8-6 所示。

图 8-5　调整文本框的大小

图 8-6　旋转文本框

8.1.3　创建文字选区

利用文字蒙版工具可以像创建选区一样在图像中创建文字选区，还可以对其进行填充、移动、复制、描边等操作，而且也可以存储为 Alpha 通道，常用于制作特殊的文字效果。

单击工具箱中的"横排文字蒙版工具"按钮▩，可创建水平方向的文字选区；单击"直排文字蒙版工具"按钮▩，可创建垂直方向的文字选区。这两个工具的属性栏和使用方法都与上述的横排文字工具和直排文字工具相同，这里不再赘述。如图 8-7 所示为创建的横排文字和直排文字选区效果。

图 8-7　创建的横排文字与直排文字选区效果

提示：在使用横排文字蒙版工具与直排文字蒙版工具创建文字的过程中，图像将自动进入快速蒙版编辑状态，只有确认当前文本的创建后，方可退出快速蒙版编辑状态。

8.1.4 点文字与段落文字的转换

转换点文字和段落文字的具体方法如下。

（1）将点文字转换为段落文字，可方便用户在定界框内调整排列字符。在转换过程中，每一行文字将会被作为一个段落。在"图层"面板中选择要转换的点文字图层，选择"图层"→"文字"→"转换为段落文本"命令即可。

（2）将段落文字转换为点文字。在"图层"面板中选择要转换的段落文字图层，选择"图层"→"文字"→"转换为点文本"命令即可。

在将段落文字转换为点文字的过程中，系统会在每行文字的末尾添加一个换行符，使其成为独立的文本行。另外，在转换前如果段落文字图层中的某些文字超出外框范围，则此部分文字在转换过程中将会被删除。

8.1.5 创建路径文字

在 Photoshop CC 中可以将文字沿着路径放置，这样极大地完善了 Photoshop 在文字输入方面的不足。其具体的操作方法如下。

（1）打开一幅图像，单击工具箱中的"钢笔工具"按钮，在图像中创建如图 8-8 所示的路径。

图 8-8　创建路径

（2）单击工具箱中的"横排文字工具"按钮，将鼠标指针移动到路径的起点，当指针变为形状时单击，出现闪烁的光标时输入文字，如图 8-9 所示。

（3）最终效果如图 8-10 所示。另外，用户还可以通过改变路径的形状来改变文字的效果。

图 8-9   输入文字

图 8-10   路径文字的效果

8.2   设置文字的属性

在 Photoshop CC 中,用户可以通过字符面板和段落面板来精确地控制文字的属性。字符面板主要用于控制文字本身的大小、行距、颜色、基线偏移等,而段落面板则用于控制文字的对齐方式、缩进等。

8.2.1   "字符"面板

选择"窗口"→"字符"命令,弹出"字符"面板,如图 8-11 所示,在此面板中可以设置文字的各种属性。

图 8-11　"字符"面板

"字符"面板中的部分选项介绍如下。

在 微软雅黑 Reg... 下拉列表中,可以设置输入文字的字体。

在 48点 下拉列表中,可以设置输入文字的字体大小。

在 12.44点 下拉列表中,可以设置文字行与行之间的距离。

在 100% 文本框中输入数值,可以设置文字在垂直方向上放大或缩小。当输入的数值大于 100%时,文字会在垂直方向上放大;当输入的数值小于 100%时,文字会在垂直方向上缩小。

在 100% 文本框中输入数值,可以设置文字在水平方向上放大或缩小。当输入的数值大于 100%时,文字会在水平方向上放大;当输入的数值小于 100%时,文字会在水平方向上缩小。

在 0% 下拉列表中,可以调整所选择字符的比例间距。

在 0 下拉列表中,可以调整两个相邻字符的距离,但在文字被选中时无效。

在 0点 文本框中输入数值,可设置文字相对于基线进行上下偏移。文本框内数值为正值时向上偏移,为负值时向下偏移。

选项组:该组选项可用来设置字体的样式。

8.2.2　"段落"面板

选择"窗口"→"段落"命令,弹出"段落"面板,如图 8-12 所示,在此面板中可以对段落文本进行格式编辑。

图 8-12　"段落"面板

段落面板中的部分选项介绍如下。

在 文本框中输入数值，可以调整文本相对于文本输入框左边的距离。

在 文本框中输入数值，可以调整文本相对于文本输入框右边的距离。

在 文本框中输入数值，可以调整段落中的第一行文本相对于文本输入框左边的距离。

在 文本框中输入数值，可以设置当前段落与前一个段落之间的距离。

在 文本框中输入数值，可以设置当前段落与后一个段落之间的距离。

选中"连字"复选框，在输入英文时可以使用连字符连接单词。

8.3　文字图层的编辑

利用文字工具在图像中输入文字后，在"图层"面板中会自动生成一个文字图层。用户可对文字图层进行栅格化、将文字转换为路径、将文字转换为形状以及变形等操作，下面进行具体介绍。

8.3.1　栅格化文字

在 Photoshop CC 中，有时用户想要为文字添加各种图像效果，但输入的文字本身不具有图像的属性，这样就需要将创建的文字图层转换为普通图层，然后再对其进行各种操作。此时文字图层所用的图层样式并不受影响，在转换后仍可以进行修改。具体的操作方法如下。

(1) 单击工具箱中的"横排文字工具"按钮 ，在其属性栏中设置相关的属性，然后在图像中输入文字，如图 8-13 所示。

图 8-13　输入的文字及其"图层"面板

(2) 选择"图层"→"栅格化"→"文字"命令，即可将文字图层转换为普通图层，"图层"面板如图 8-14 所示。

(3) 单击工具箱中的"矩形选框工具"按钮 ，在图像中创建一矩形选区，如图 8-15 所示。

(4) 选择"滤镜"→"扭曲"→"水波"命令，弹出"水波"对话框，设置参数如图 8-16 所示。

(5) 设置完成后，单击"确定"按钮，按 Ctrl＋D 组合键取消选区，效果如图 8-17 所示。

图 8-14　"图层"面板

图 8-15　创建的矩形选区

图 8-16　"水波"对话框

图 8-17　水波滤镜效果

8.3.2　文字与路径

在 Photoshop CC 中,可在图像中的文字边缘处加上一个与文字形状相同的路径,可利用路径工具对其进行修改,从而制作出一些特殊的文字效果。具体的操作方法如下。

(1) 按 Ctrl+N 组合键,弹出"新建"对话框,其参数设置如图 8-18 所示。

图 8-18　"新建"对话框

（2）单击工具箱中的"横排文字工具"按钮 **T** ，其属性栏设置如图 8-19 所示，将字体的颜色设置为红色。

图 8-19 "横排文字工具"属性栏

（3）设置完成后，在图像中输入文字"我很想飞"，效果如图 8-20 所示。

（4）选择"图层"→"文字"→"创建工作路径"命令，则在文字周围产生一个与文字形状相同的路径，如图 8-21 所示。

图 8-20 输入文字效果   图 8-21 创建文字形状的路径

（5）确定文字图层为当前图层，选择"图层"→"删除"→"图层"命令，删除文字图层，得到的效果如图 8-22 所示。

（6）单击工具箱中的"画笔工具"按钮 ，在其属性栏中单击"切换画笔面板"按钮 ，打开"画笔"面板，具体参数设置如图 8-23 所示。

图 8-22 删除文字图层   图 8-23 "画笔"面板

（7）设置前景色为绿色，单击"路径"面板底部的"画笔描边路径"按钮 ⬚，得到如图 8-24 所示的效果。

（8）在"路径"面板中选择所创建的文字形状的路径层，单击"路径"面板底部的"删除当前路径"按钮 🗑，删除该路径，最终效果如图 8-25 所示。

图 8-24　描边路径的效果

图 8-25　特殊文字效果

8.3.3　文字与形状

在 Photoshop CC 中还可将图像中的文字转换为形状，其操作方法介绍如下。

（1）在图像中输入文字，选择"图层"→"文字"→"转换为形状"命令，即可将文字转换为形状。

（2）将文字转换为形状之后，可以对其进行形状图层的一些操作，还可以对其设置样式，如图 8-26 所示。

图 8-26　文字转换为形状并对其设置样式

8.3.4　变形文字

变形文字可以实现一些特殊的效果。单击文字工具属性栏中的"创建变形文本"按钮 ⬚，弹出"变形文字"对话框，如图 8-27 所示。在此对话框中可以设置文字的形状。

图 8-27　"变形文字"对话框

- "水平"单选按钮：可以使文字沿水平方向变形。
- "垂直"单选按钮：可以使文字沿垂直方向变形。
- "弯曲"：可以设置文字弯曲的程度。可以通过在后面的文本框中输入数值来调整，或通过拖动滑块来调整。
- "水平扭曲"：可以设置文字在水平方向的透视扭曲程度。通过在后面的文本框中输入数值来调整，或通过拖动滑块来调整。
- "垂直扭曲"：可以设置文字在垂直方向的透视扭曲程度。通过在后面的文本框中输入数值来调整，或通过拖动滑块来调整。

如图 8-28 所示为部分文字变形效果。

图 8-28　文字的变形效果

8.4　任务实现

8.4.1　任务 1　制作显示器广告

利用所学的知识制作显示器广告，操作步骤如下。

（1）单击"文件"→"新建"命令，在弹出的"新建"对话框中设置参数，如图 8-29 所示。单击"确定"按钮，新建一个文件。

图 8-29　"新建"对话框

（2）单击"文件"→"打开"命令，打开一幅素材图像，将素材图像放置到新建的文件中，自动生成"图层 1"，如图 8-30 所示，调整至合适大小及位置，如图 8-31 所示。

图 8-30　生成"图层 1"

图 8-31　移图像并调整其位置

（3）选择"矩形选框工具"，绘制两个矩形，如图 8-32 所示。

（4）设置"前景色"为墨绿（R：24，G：75，B：58），按 Alt＋Delete 组合键填充颜色，效果如图 8-33 所示。

图 8-32　绘制矩形选区

图 8-33　填充颜色

（5）使用同样的方法绘制矩形选框并填充白色（R：255，G：255，B：255），如图 8-34 所示。

（6）单击"文件"→"打开"命令，打开一幅显示器素材图像，如图 8-35 所示。

图 8-34　绘制白色矩形框

图 8-35　素材图像

（7）选用"磁性套索工具"，配合使用"多边形套索工具"框选显示器，如图 8-36 所示。

（8）单击并拖动图片，将显示器放置到图像编辑窗口，调整至合适大小及位置，如图 8-37 所示。

图 8-36　框选显示器　　　　　　　　　　图 8-37　添加显示器素材

（9）选择工具箱中的"钢笔工具"，单击工具选项栏中的"路径"按钮 路径 ，选择"路径"后绘制一条路径，如图 8-38 所示。

图 8-38　绘制一条路径

（10）选择"文字工具"，将光标放置至路径上方，当光标显示为 形状时单击，确定插入点，在"文字工具"选项栏设置各参数，如图 8-39 所示。

T ﹀ T̲ 隶书 Regular ﹀ ﹀ T̲ 46 点 ﹀ aa 浑厚 ﹀

图 8-39　"文字工具"选项栏

（11）输入文字"高清画质，引领时尚新潮流"，可以看到文字沿着路径排列，效果如图 8-40 所示。

（12）单击"添加图层样式"按钮 fx，弹出快捷菜单，选择"投影"，弹出"图层样式"对话框，在该对话框中设置参数，如图 8-41 所示。

（13）单击"确定"按钮，添加阴影效果，如图 8-42 所示。

（14）选取"矩形工具" ，绘制一个矩形，如图 8-43 所示。

图 8-40 输入文字

图 8-41 "图层样式-投影"对话框

图 8-42 添加阴影

图 8-43 绘制一个矩形

（15）选择"文字工具"，在矩形内单击，确定插入点，输入其他文字，效果如图 8-44 所示。

（16）切换至通道面板，在空白区域单击，隐藏路径，效果如图 8-45 所示。

图 8-44　输入其他文字　　　　　　　　　　图 8-45　隐藏路径

（17）单击"文件"→"打开"命令，打开一张角度不同的显示器素材图像，如图 8-46 所示。

（18）使用同样的方法，将素材添加至文件中，如图 8-47 所示。

图 8-46　打开素材图像　　　　　　　　　　图 8-47　添加素材

（19）输入其他文字后显示器广告图制作完成，效果如图 8-48 所示。

图 8-48　显示器广告效果图

8.4.2　任务 2　制作网页 banner

利用所学的知识制作网页 banner，操作步骤如下。

（1）单击"文件"→"新建"命令，在弹出的"新建"对话框中设置参数，如图 8-49 所示。单击"确定"按钮，新建一个文件。

图 8-49　"新建"对话框

（2）在"图层"面板，双击"背景图层"，弹出"新建图层"对话框，如图 8-50 所示，单击"确定"按钮，将其转换为普通图层"图层 0"，"图层"面板如图 8-51 所示。

图 8-50　"新建图层"对话框

图 8-51　"图层"面板

（3）在"图层"面板中，双击"图层 0"缩览图，打开"图层样式"对话框，如图 8-52 所示。

图 8-52　"图层样式"对话框

　　（4）选择"渐变叠加"样式，如图 8-53 所示，设置混合模式为"正常"，样式为"径向"，单击"渐变"颜色条，打开"渐变编辑器"对话框，如图 8-54 所示，设置左侧色标值为♯0d6491，右侧色标值为♯1c1e2d 的渐变颜色，如图 8-55 所示，角度设置为 35，缩放设置为 145，选中"使用全局光"复选框，如图 8-56 所示。单击"确定"按钮，效果如图 8-57 所示。

图 8-53　"渐变叠加"样式

图 8-54 "渐变编辑器"对话框

图 8-55 设置左、右色标值

（5）单击菜单"文件"→"打开"命令，打开 banner.psd 文件，如图 8-58 所示。在"图层"面板中，选中"图层 1"，将其拖到图 8-57 所示的图像窗口中，调整其大小后放置于合适的位置，效果如图 8-59 所示。

图 8-56　渐变叠加参数设置效果

图 8-57　应用"渐变叠加"效果

图 8-58　打开 banner.psd 文件

图 8-59　拖动到"图层 1"

（6）在如图 8-59 所示的图像窗口的"图层"面板中，双击"图层 1"，即（牛仔裤图层）缩览图，弹出"图层样式"对话框，如图 8-60 所示，选择"投影"样式，设置混合模式为"正片叠底"、不透明度为 70、角度为 55、距离为 1、扩展为 5、大小为 5，如图 8-61 所示。单击"确定"按钮，效果如图 8-62 所示。

图 8-60　双击"图层 1"打开"图层样式"对话框

图 8-61　设置"投影"样式参数

（7）在工具箱中选择"横排文字工具" T，在图像右上侧输入文字 Autumn，选择

图 8-62　应用"投影"样式效果

Autumn 文字,在属性栏中设置文本字体为 Georgia Bold、字形为 Bold、字号为"14 点"、字体颜色为"白色",将 A 的字号更改为"25 点",效果如图 8-63 所示。

图 8-63　输入文字

（8）单击"窗口"→"字符"命令,弹出"字符"面板,在"字符"面板中设置字符间距为 25,如图 8-64 所示。

图 8-64　设置间距

（9）在工具箱中选择"横排工具" ，在 Autumn 文字上方输入"秋季新品,炫酷上市",选中文字,在图 8-65 所示的"字符"面板中设置字体为"微软雅黑"、字号为"6 点",字体颜色为"红色",效果如图 8-66 所示。

（10）在"图层"面板中双击 Autumn 图层缩览图,弹出"图层样式"对话框,选择"投影"样式,设置混合模式为"正片叠底"、不透明度为 75、角度为 60、距离为 5、扩展为 0、大小为 5,如图 8-67 所示,单击"确定"按钮,效果如图 8-68 所示。

（11）在工具箱中选择"横排工具" ，在 Autumn 文字下方输入 THE COWBOY,选中文字,在"字符"面板中设置字体为 Arial、字号为"6 点"、字体颜色为"白色",效果如图 8-69 所示。

图 8-65　"字符"面板

图 8-66　输入文字并设置后效果

图 8-67　设置"投影"参数

图 8-68　应用"投影"样式效果

图 8-69　输入文字并设置后效果

（12）在工具箱中选择"椭圆工具" ，在其属性栏中选择 形状 ，按住 Shift 键绘制圆形，将其填充为红色；选择"钢笔工具" ，在圆的右下角绘制三角形，将其填充为红色，效果如图 8-70 所示。

图 8-70　绘制圆形和三角形

（13）使用"文本框工具"在圆中输入文字"极致"，按 Enter 键换行，再输入文字"舒适"，选择"极致"和"舒适"文字，在"字符"面板中设置字体为"楷体 Regular"、字号为"8 点"、行高为"8 点"、字体颜色为"白色"，效果如图 8-71 所示。

图 8-71　输入文字并设置

（14）使用"文本框工具"在圆右侧输入文字"你的生活"和"你选择"，在"字符"面板中设置字体为"楷体 Regular"、字号为"9 点和 6 点"、字体颜色为"红色和白色"，设置文字"你选择"的字间距为 100％，效果如图 8-72 所示。

图 8-72　输入文字并设置后效果

（15）使用"文本框工具"在圆的下方输入如图 8-73 所示的文字，在"字符"面板中设置字体为"微软雅黑"、字号为"6 点"、字体颜色为"黑色"，效果如图 8-73 所示。

图 8-73　输入文字并设置后效果

（16）使用"文本框工具"在圆的右下角拖动鼠标绘制一个文本框，如图 8-74 所示，输入如图 8-75 的文字，在"字符"面板中设置字体为 Arial、字号为"3.5 点"、行高为"4 点"、字体颜色为"白色"，效果如图 8-75 所示。

图 8-74　绘制一个文本框

图 8-75　输入文字并设置后效果

（17）选中英文文字，在窗口中选择"段落"，弹出"段落"面板，单击"最后一行左对齐"按钮■，如图 8-76 所示，设置后最终效果如图 8-77 所示，"图层"面板如图 8-78 所示。

图 8-76　"段落"面板

图 8-77　最终效果

图 8-78　"图层"面板

小结

　　本章主要介绍了 Photoshop CC 中文字工具的使用方法、文字的编辑等相关知识,通过学习,读者应熟悉使用文字工具在图像中输入点文字和段落文字的方法,以及设置其属性和文字的特殊样式。通过实例的学习,可以使读者熟练地使用文字工具为图像添加文字效果,并且很好地搭配文字与图像色彩,制作出完美的图像效果。

习题

　　(1)练习使用"文字转换为路径"命令,对转换后的文字路径进行编辑。
　　(2)使用钢笔工具绘制图形,使用横排文字工具添加文字,使用文字变形命令为文字制作扭曲效果,使用图层样式为文字添加特殊效果,效果如图 8-79 所示。

图 8-79　绘制图形以及添加文字效果

（3）使用文字变形命令为文字制作扭曲效果，使用添加图层样式为文字添加特殊效果，使用圆角矩形工具、自定形状工具制作会话框，使用钢笔工具、横排文字工具制作路径文字，效果如图 8-80 所示。

图 8-80　制作图片效果

第9章

滤镜的应用

滤镜是 Photoshop CC 的万花筒,可以在顷刻之间完成令人眼花缭乱的特殊效果,比如指定印象派画或马赛克拼贴外观,或者添加独一无二的光照和扭曲。Photoshop CC 的所有滤镜都按类别放置在"滤镜"菜单中,使用时只需单击这些滤镜命令即可。

学习要点

1. 滤镜应用基础

2. 像素化滤镜组

3. 扭曲滤镜组

4. 杂色滤镜组

5. 模糊滤镜组

6. 渲染滤镜组

7. 画笔描边滤镜组

8. 风格化滤镜组

学习任务

任务1 图像添加浪漫雪花

任务2 制作冰冻企鹅效果

9.1 滤镜应用基础

在 Photoshop CC 中,提供了近百种滤镜,它们都包含在"滤镜"菜单中,如图 9-1 所示。利用滤镜可以为图像添加各种特效。

滤镜的使用方法与其他工具有一些差别,下面先对相关的事项进行介绍。

(1)上一次选取的滤镜将出现在菜单顶部,按 Ctrl+F 组合键,可以快速重复使用该滤镜,若要使用新的设置选项,需要在该对话框中设置。

(2)按 Esc 键,可以放弃当前正在应用的滤镜。

(3)按 Ctrl+Z 组合键,可以还原滤镜的操作。

(4)按 Ctrl+Alt+F 组合键,可以显示出最近应用的滤镜对话框。

(5)滤镜可以应用于可视图层。

(6)不能将滤镜应用于位图模式或索引颜色的图像。

(7)有些滤镜只对 RGB 图像产生作用。

图 9-1 "滤镜"菜单

在为图像添加滤镜效果时,通常会占用计算机系统的大量内存,特别是在处理高分辨率的图像时就更加明显。用户可以使用以下方法进行优化。

(1) 在处理大图像时,先在图像局部添加滤镜效果。

(2) 如果图像很大,且有内存不足的问题时,可以将滤镜效果应用于图像的单个通道。

(3) 关闭其他应用程序,以便为 Photoshop CC 提供更多的可用内存。

(4) 如果要打印黑白图像,最好在应用滤镜之前,先将图像的一个副本转换为灰度图像。

如果将滤镜应用于彩色图像后再转换为灰度,所得到的效果可能与该滤镜直接应用于此图像的灰度图的效果不同。

9.2 像素化滤镜组

像素化滤镜组主要是通过将相似颜色值的像素转化成单元格而使图像分块或平面化。选择"滤镜"→"像素化"命令,将弹出如图 9-2 所示的子菜单。

图 9-2 "像素化"滤镜子菜单

9.2.1　彩色半调滤镜

使用彩色半调滤镜可以在图像中的每个通道上添加一层半调网点的效果。选择"滤镜"→"像素化"→"彩色半调"命令,弹出"彩色半调"对话框,如图9-3所示。

图9-3　"彩色半调"对话框

在"最大半径"文本框中输入数值,可设置网点的大小,也可通过拖动滑块进行设置。

在"网角(度)"下面所代表的4个通道文本框中输入数值,可设置挂网角度。

设置好参数后,单击"确定"按钮即可。图9-4所示为使用彩色半调滤镜前后的效果对比。

图9-4　使用彩色半调滤镜前后的效果对比

9.2.2　点状化滤镜

点状化滤镜可将图像中的颜色分散为随机分布的网点,且用背景色来填充网点之间的区域,从而实现点描画的效果。

打开一幅图像,选择"滤镜"→"像素化"→"点状化"命令,可在弹出的"点状化"对话框中设置"单元格大小"数值,设置好参数后,单击"确定"按钮。图9-5所示为使用点状化滤镜前后的效果对比。

图9-5　使用点状化滤镜前后的效果对比

9.2.3　马赛克滤镜

马赛克滤镜可以使图像中颜色相似的像素结合形成单一颜色的方块,产生马赛克拼图的效果。

打开一幅图像,选择"滤镜"→"像素化"→"马赛克"命令,可在弹出的"马赛克"对话框中设置"单元格大小"数值,设置好参数后,单击"确定"按钮。图 9-6 所示为使用马赛克滤镜前后的效果对比。

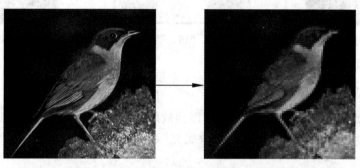

图 9-6　使用马赛克滤镜前后的效果对比

9.3　扭曲滤镜组

扭曲滤镜组主要通过对图像进行扭曲变形等操作,为图像整形产生特殊的效果,是一组功能强大的滤镜。选择"滤镜"→"扭曲"命令,弹出如图 9-7 所示的子菜单。

图 9-7　"扭曲"滤镜子菜单

9.3.1　切变滤镜

切变滤镜可以在垂直方向上按设定的弯曲路径来扭曲图像。打开如图 9-8 所示的图像,选择"滤镜"→"扭曲"→"切变"命令,弹出"切变"对话框,如图 9-9 所示,在"未定义区域"选项区中设置对扭曲后的图像的空白区域的填充方式,设置好参数后,单击"确定"按钮。图 9-10 为使用切变滤镜后的效果。

图 9-8　打开的图像　　　　　图 9-9　"切变"对话框　　　　　图 9-10　切变滤镜效果

9.3.2　扩散亮光滤镜

　　扩散亮光滤镜可以使图像产生光热弥漫的效果，一般用来表现强烈的光线和烟雾效果。选择"滤镜"→"滤镜库"→"扭曲"→"扩散亮光"命令，弹出"扩散亮光"对话框，如图 9-11 所示。

图 9-11　"扩散亮光"对话框

　　在"粒度"文本框中输入数值，可用来调整杂点颗粒数量，输入数值范围为 0～10。数值较大时，图像中杂点的数量也较多，随着数值的降低，图像中杂点的数量将逐渐减少。

　　在"发光量"文本框中输入数值，可设置光的散射强度，输入数值范围为 0～20。数值越大，光越强烈；数值较小时，图像将保持原来的效果。

　　在"清除数量"文本框中输入数值，可设置杂点的清晰度。输入数值范围为 0～20。当数值为 0 时，则看不清原图像。

　　设置好参数后，单击"确定"按钮即可。使用扩散亮光滤镜前后的效果对比如图 9-12 所示。

图 9-12　使用扩散亮光滤镜前后效果对比

9.3.3　极坐标滤镜

极坐标滤镜可以将图像从平面坐标转换为极坐标,也可以将图像从极坐标转换为平面坐标,从而使图像产生弯曲变形的效果。

打开一幅图像,选择"滤镜"→"扭曲"→"极坐标"命令,可在弹出的"极坐标"对话框中设置相关的参数,然后单击"确定"按钮。使用极坐标滤镜前后的效果对比如图 9-13 所示。

图 9-13　使用极坐标滤镜前后的效果对比

9.3.4　波浪滤镜

波浪滤镜可以使图像产生不同波浪形状的波动效果。选择"滤镜"→"扭曲"→"波浪"命令,弹出"波浪"对话框,如图 9-14 所示。

图 9-14　"波浪"对话框

在"生成器数"文本框中输入数值,可设置产生波浪的数值。

在"波长"文本框中输入数值,可设置波浪的长度。

在"类型"选项区中可选中"正弦""三角形"或"方形"单选按钮,设置波的形状。

设置好参数后,单击"确定"按钮。图 9-15 为使用波浪滤镜前后的效果对比。

图 9-15　使用波浪滤镜前后的效果对比

9.3.5　球面化滤镜

球面化滤镜可以使选区中的图像或图层中的图像产生一种球面扭曲的立体效果。打开一幅图像,在其中创建选区,选择"滤镜"→"扭曲"→"球面化"命令,在弹出的"球面化"对话框中设置相关的参数,然后单击"确定"按钮。图 9-16 所示为使用球面化滤镜前后的效果对比。

图 9-16　使用球面化滤镜前后的效果对比

9.4　杂色滤镜组

使用杂色滤镜组可以添加或减少图像中的杂色。选择"滤镜"→"杂色"命令,弹出如图 9-17 所示的子菜单。

图 9-17　"杂色"滤镜子菜单

9.4.1　中间值

中间值滤镜可以减少所选择部分像素亮度混合时产生的杂点。打开一幅图像,选择"滤镜"→"杂色"→"中间值"命令,可在弹出的"中间值"对话框中设置"半径"数值,设置好参数后,单击"确定"按钮。图 9-18 所示为使用中间值滤镜前后的效果对比。

图 9-18 使用中间值滤镜前后效果对比

9.4.2 添加杂色

添加杂色滤镜可以在图像中添加随机像素,也可用于羽化选区或渐变填充中过渡区域的修饰。选择"滤镜"→"杂色"→"添加杂色"命令,弹出"添加杂色"对话框,如图 9-19 所示。

图 9-19 "添加杂色"对话框

在"数量"文本框中输入数值或拖动下方的滑块,可以设置添加杂色的数值。

在"分布"选项区中有两个选项,可用来设置杂色的分布方式。

设置好参数后,单击"确定"按钮。图 9-20 所示为使用添加杂色滤镜前后的效果对比。

图 9-20 使用添加杂色滤镜前后的效果对比

9.5   模糊滤镜组

模糊滤镜组主要是通过削弱相邻像素间的对比度,使图像中相邻像素间过渡平滑,从而产生柔和、模糊的图像效果。选择"滤镜"→"模糊"命令,弹出如图 9-21 所示的子菜单。

图 9-21   模糊滤镜子菜单

9.5.1   高斯模糊

高斯模糊滤镜可以通过调整模糊半径的参数使图像快速模糊,从而产生一种朦胧效果。打开一幅图像,选择"滤镜"→"模糊"→"高斯模糊"命令,可在弹出的"高斯模糊"对话框中设置"半径"数值,设置好参数后,单击"确定"按钮。图 9-22 所示为使用高斯模糊滤镜前后的效果对比。

图 9-22   使用高斯模糊滤镜前后的效果对比

9.5.2   动感模糊

动感模糊滤镜可在指定的方向上对像素进行线性的移动,使其产生一种运动模糊的效果。选择"滤镜"→"模糊"→"动感模糊"命令,弹出"动感模糊"对话框,如图 9-23 所示。

在"角度"文本框中输入数值,可设置动感模糊的方向。

在"距离"文本框中输入数值,可设置动感模糊的强弱程度,输入的数值越大,模糊的效果越强烈。

设置好参数后,单击"确定"按钮。图 9-24 为使用动感模糊滤镜前后的效果对比。

图 9-23　"动感模糊"对话框

图 9-24　使用动感模糊滤镜前后的效果对比

9.5.3　径向模糊

径向模糊滤镜可对图像进行旋转模糊,也可将图像从中心向外缩放模糊。选择"滤镜"→"模糊"→"径向模糊"命令,弹出"径向模糊"对话框,如图 9-25 所示。

图 9-25　"径向模糊"对话框

在"数量"文本框中输入数值,可设置模糊的程度。

在"模糊方法"选项区中选中"旋转"单选按钮,可使图像从中心旋转模糊;选中"缩放"单选按钮,可使图像从中心缩放模糊。

　　设置好参数后,单击"确定"按钮。图 9-26 所示为使用径向模糊滤镜前后的效果对比。

图 9-26　使用径向模糊滤镜前后的效果对比

9.6　渲染滤镜组

　　渲染滤镜组主要用来模拟光线照明效果,它可以模拟不同的光源效果,使图像产生光照、云彩或镜头光晕等效果。选择"滤镜"→"渲染"命令,弹出如图 9-27 所示的子菜单。

图 9-27　"渲染"滤镜子菜单

9.6.1　云彩

　　云彩滤镜可以在图像的前景色和背景色之间随机地抽取像素,再将图像转换为柔和的云彩效果。打开一幅图像,选择"滤镜"→"渲染"→"云彩"命令,系统将自动为图像添加云彩效果。图 9-28 所示为使用云彩滤镜前后的效果对比。

图 9-28　使用云彩滤镜前后的效果对比

9.6.2　镜头光晕

镜头光晕滤镜可给图像添加摄像机镜头炫光效果，也可自动调节摄像机炫光位置。选择"滤镜"→"渲染"→"镜头光晕"命令，弹出"镜头光晕"对话框，如图 9-29 所示。

图 9-29　"镜头光晕"对话框

在"亮度"文本框中输入数值，可控制炫光的亮度大小，输入数值范围为 0～300。
在"镜头类型"选项中可以选择镜头的类型。
设置好参数后，单击"确定"按钮。图 9-30 所示为使用镜头光晕滤镜前后的效果对比。

图 9-30　使用镜头光晕滤镜前后的效果对比

9.7　画笔描边滤镜组

画笔描边滤镜组可使用不同的画笔和油墨笔触效果使图像产生绘画式或精美艺术的外观。这些滤镜对 CMYK 和 Lab 颜色模式的图像都不起作用。选择"滤镜"→"滤镜库"→"画笔描边"命令，弹出如图 9-31 所示对话框。

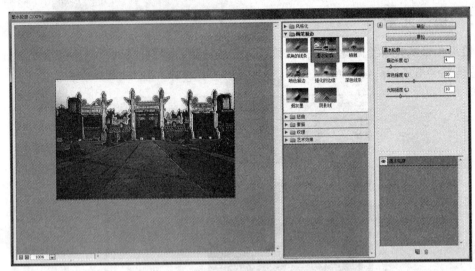

图 9-31　"墨水轮廓"对话框

9.7.1　喷溅

　　喷溅滤镜用于模拟喷枪的效果来绘制图像,使图像产生水珠喷溅的效果。选择"滤镜"→"滤镜库"→"画笔描边"→"喷溅"命令,弹出"喷溅"对话框,如图 9-32 所示。

图 9-32　"喷溅"对话框

　　在"喷色半径"文本框中输入数值,可设置喷枪喷射范围的大小,输入的数值越大,喷射的范围就越大。

在"平滑度"文本框中输入数值,可设置喷射颗粒的平滑程度,输入的数值越大,喷射颗粒就越平滑。

设置好参数后,单击"确定"按钮。图 9-33 所示为使用喷溅滤镜前后的效果对比。

图 9-33 使用喷溅滤镜前后的效果对比

9.7.2 喷色描边

喷色描边滤镜是使用带有一定角度的喷色线条的主导色彩来重新描绘图像,使图像表面产生描绘的水彩画效果。选择"滤镜"→"滤镜库"→"画笔描边"→"喷色描边"命令,弹出"喷色描边"对话框,如图 9-34 所示。

图 9-34 "喷色描边"对话框

在"描边长度"文本框中输入数值,可设置笔触的长度,取值范围为 0～20。

在"喷色半径"文本框中输入数值,可设置喷射的范围大小,取值范围为 0～25。

在"描边方向"下拉列表中可选择笔画的方向。

设置好参数后,单击"确定"按钮。图 9-35 所示为使用喷色描边滤镜前后的效果对比。

图 9-35　使用喷色描边滤镜前后的效果对比

9.7.3　成角的线条

　　成角的线条滤镜使用对角线描绘图像,使图像中较亮的区域用一个方向的线条绘制,较暗的区域用相反方向的线条绘制。选择"滤镜"→"滤镜库"→"画笔描边"→"成角的线条"命令,弹出"成角的线条"对话框,如图 9-36 所示。

图 9-36　"成角的线条"对话框

　　在"方向平衡"文本框中输入数值,可设置线条倾斜的方向,输入数值范围为 0～100。设置为 0 时,线条方向从右上方向左下方倾斜;设置为 100 时,线条方向从左上方向右下方倾斜。

　　在"描边长度"文本框中输入数值,可设置线条的长度,输入数值范围为 3～50。

　　在"锐化程度"文本框中输入数值,可设置画笔线条的尖锐程度,输入数值范围为 0～10。数值较大时,产生的线条越模糊。

　　设置好参数后,单击"确定"按钮。图 9-37 所示为使用成角的线条滤镜前后的效果对比。

图 9-37　使用成角的线条滤镜前后的效果对比

9.8　风格化滤镜组

　　风格化滤镜组通过移动或置换图像像素的方式来产生印象派或其他风格的图像效果。选择"滤镜"→"风格化"命令，弹出如图 9-38 所示的子菜单。

图 9-38　"风格化"滤镜子菜单

9.8.1　凸出滤镜

　　凸出滤镜可将图像转变为凸出的三维锥体或立方体，使其产生 3D 纹理效果。选择菜单栏中的"滤镜"→"风格化"→"凸出"命令，弹出"凸出"对话框，如图 9-39 所示。

图 9-39　"凸出"对话框

　　在"凸出"对话框中设置好参数，单击"确定"按钮。使用凸出滤镜前后的效果对比如图 9-40 所示。

图 9-40　使用凸出滤镜前后的效果对比

9.8.2　浮雕效果

浮雕效果滤镜是将图像中的颜色转换为灰色,并用原来的颜色勾画图像边缘,使图像下陷或凸出,产生类似浮雕的效果。选择"滤镜"→"风格化"→"浮雕效果"命令,弹出"浮雕效果"对话框,如图9-41所示。

图9-41　"浮雕效果"对话框

在"角度"文本框中输入数值,可设置光线照射的角度值,输入数值范围为 0°～360°。

在"高度"文本框中输入数值,可设置浮雕凸起的高度,输入数值范围为 1～10。

在"数量"文本框中输入数值,可设置凸出部分细节的百分比,输入数值范围为 1%～500%。

设置好参数后,单击"确定"按钮。图9-42所示为使用浮雕滤镜前后的效果对比。

图9-42　使用浮雕滤镜前后的效果对比

9.8.3　风滤镜

风滤镜可以为图像添加一些水平的细微线条,从而产生吹风的效果。选择"滤镜"→"风格化"→"风"命令,弹出"风"对话框,如图 9-43 所示。

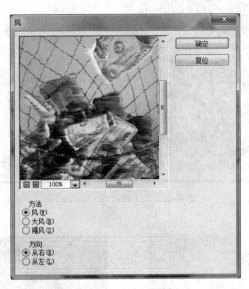

图 9-43　"风"对话框

在"方法"选项区中可选择风的样式,在"方向"选项区中可选择风的方向,设置完成后,单击"确定"按钮。图 9-44 所示为使用风滤镜前后的效果对比。

图 9-44　使用风滤镜前后效果对比

9.8.4　照亮边缘

照亮边缘滤镜可以查找图像中的轮廓,并对其进行加亮。选择"滤镜"→"风格化"→"照亮边缘"命令,弹出"照亮边缘"对话框,如图 9-45 所示。

在"边缘宽度"文本框中输入数值,可设置描绘边缘线条的宽度。

在"边缘亮度"文本框中输入数值,可设置描绘边缘线条的亮度。

在"平滑度"文本框中输入数值,可设置描绘边缘线条的平滑程度。

设置好参数后,单击"确定"按钮。图 9-46 所示为使用照亮边缘滤镜前后的效果对比。

图 9-45　"照亮边缘"对话框

图 9-46　使用照亮边缘滤镜前后的效果对比

9.9　任务实现

9.9.1　任务 1　图像添加浪漫雪花

利用所学的知识给图像添加浪漫雪花,操作步骤如下。

(1) 打开一幅图像,如图 9-47 所示,新建"图层 1",设置前景色为黑色,按 Alt＋Delete 组合键将"图层 1"填充为黑色,效果如图 9-48 所示。

(2) 选择"滤镜"→"杂色"→"添加杂色"命令,弹出"添加杂色"对话框,设置参数如图 9-49 所示。设置完成后,单击"确定"按钮,效果如图 9-50 所示。

(3) 选择"滤镜"→"其他"→"自定"命令,弹出"自定"对话框,设置参数如图 9-51 所示。设置完成后,单击"确定"按钮,效果如图 9-52 所示。

(4) 单击工具箱中的"矩形选框工具"按钮 ⬚,在图像中创建一矩形选区,效果如图 9-53 所示。

图 9-47　打开的图像

图 9-48　填充图像效果

图 9-49　"添加杂色"对话框

图 9-50　应用添加杂色滤镜效果

图 9-51　"自定"对话框

图 9-52　自定滤镜效果　　　　　　　　　　　　图 9-53　创建矩形选区

　　(5) 按 Ctrl+C 组合键复制选区中的图像内容,再按 Ctrl+V 组合键粘贴选区中的图像,在"图层"面板中自动生成"图层 2",按 Ctrl+T 组合键执行自由变换命令,将"图层 2"中的图像调整到和原图大小相同,如图 9-54 所示。

图 9-54　执行自由变换命令后的图像效果

　　(6) 按 Enter 键确认变换操作,将"图层 2"的混合模式设置为"滤色",将"不透明度"设为 70%,"图层"面板及其效果如图 9-55 所示。

图 9-55　"图层"面板及其效果图

　　(7) 将"图层 2"作为当前图层,重复步骤(4)~(6)的操作,调整后的图层及图像效果如图 9-56 所示。

图 9-56　调整后的图像效果

（8）在"图层"面板中将"图层 1"删除，最终效果如图 9-57 所示。

图 9-57 为图像添加浪漫雪花效果图

9.9.2 任务 2 制作冰冻企鹅效果

利用所学的知识制作冰冻企鹅效果，操作步骤如下。

（1）按 Ctrl＋O 组合键，打开素材图像，如图 9-58 所示。

（2）在工具箱中选择"钢笔工具" ，在其属性栏中选择工具模式按钮 路径 ，在图像窗口中沿着企鹅边沿单击绘制路径，如图 9-59 所示。

图 9-58 打开素材图像

图 9-59 绘制路径

（3）按 Ctrl＋Enter 组合键将路径转换为选区，如图 9-60 所示。

（4）按 Ctrl＋J 组合键复制选区，"图层"面板如图 9-61 所示，再按 3 次 Ctrl＋J 组合键，将生成的图层分别命名为"手""质感""轮廓"和"高光"，选择"轮廓"和"高光"图层将其隐藏，如图 9-62 所示。

（5）在"图层"面板中选择"手"图层，选择"滤镜"→"滤镜库"命令，弹出"滤镜库"对话框，选择"艺术效果"选项，参数设置如图 9-63 所示，单击"确定"按钮，效果如图 9-64 所示。

图 9-60 路径转换为选区

图 9-61 复制选区

图 9-62 图层重命名及设置

图 9-63 "水彩"滤镜对话框

图 9-64 应用"水彩"滤镜效果

（6）在"图层"面板中，双击"质感"图层，弹出"图层样式"对话框，设置参数如图 9-65 所示，单击"确定"按钮，效果如图 9-66 所示。

图 9-65　设置"图层样式"对话框

图 9-66　应用混合样式效果

（7）在"图层"面板中选中"轮廓"图层，并显示，选择"滤镜"→"滤镜库"命令，弹出"滤镜库"对话框，选择"风格化"选项，参数设置如图 9-67 所示，单击"确定"按钮后的效果如图 9-68 所示。

（8）单击"图像"→"调整"→"去色"命令，去除图像颜色，效果如图 9-69 所示。

（9）在"图层"面板上方，将图层"轮廓"的图层混合模式选项设为"滤色"，如图 9-70 所示，效果如图 9-71 所示。

（10）在"图层"面板中选中"高光"图层，并显示，选择"滤镜"→"滤镜库"命令，弹出"铭黄渐变"滤镜对话框，选择"素描"选项，参数设置如图 9-72 所示，单击"确定"按钮后的效果如图 9-73 所示。

图 9-67 "照亮边缘"滤镜对话框

图 9-68 应用"照亮边缘"滤镜效果

图 9-69 应用"去色"命令效果

图 9-70 设置图层混合模式

图 9-71 应用"滤色"模式效果

图 9-72　"铭黄渐变"滤镜对话框

（11）在"图层"面板上方，将图层"高光"的图层混合模式选项设为"滤色"，如图 9-74 所示，效果如图 9-75 所示。

图 9-73　应用"铭黄渐变"滤镜效果　　图 9-74　设置图层混合模式　　图 9-75　应用"滤色"模式效果

（12）在"图层"面板中选中"高光"图层，在"图层"面板下方，单击 按钮，弹出快捷菜单，选择"色阶"命令，"图层"面板生成"色阶 1"，同时弹出色阶"属性"面板，设置参数如图 9-76 所示，"图层"面板如图 9-77 所示，效果如图 9-78 所示。

（13）在"图层"面板中选中"高光色阶"图层，单击"图层"→"创建剪贴蒙版"命令，"图层"面板如图 9-79 所示，效果如图 9-80 所示。

（14）在"图层"面板中新建"裂纹"图层，选择"滤镜"→"云彩"命令，效果如图 9-81（a），再选择"滤镜"→"分层云彩"命令，效果如图 9-81（b）所示。

（15）单击"图像"→"调整"→"色阶"命令，弹出"色阶"对话框，参数设置如图 9-82 所示，单击"确定"按钮，效果如图 9-83 所示。

图 9-76 设置色阶参数　　　图 9-77 "图层"面板生成"色阶 1"　　　图 9-78 应用色阶效果

图 9-79 创建剪贴蒙版　　　　　图 9-80 "创建剪贴蒙版"效果

(a)　　　　　　　　　(b)

图 9-81 应用云彩和分层云彩效果

图 9-82　设置色阶参数

图 9-83　应用色阶效果

（16）在"图层"面板中选中"裂纹"色阶图层，单击"图层"→"创建剪贴蒙版"命令，"图层"面板如图 9-84 所示，效果如图 9-85 所示。

图 9-84　创建"裂纹"色阶图层

图 9-85　"创建剪贴蒙版"效果

（17）在"图层"面板上方，将图层"裂纹"的图层混合模式选项设为"颜色加深"，如图 9-86 所示，效果如图 9-87 所示。

（18）在工具箱中，将前景色设为白色（R：255，G：255，B：255），选择"横排文字工具" T，输入文字 PENGUIN，在其属性栏中，设置字体为 DokChampa，字号大小为 30，单击"创建变形文本"按钮 ，弹出"变形文字"对话框，设置参数如图 9-88 所示，单击"确定"按钮，效果如图 9-89 所示，"图层"面板如图 9-90 所示。

（19）在"图层"面板中选中文字图层 PENGUIN，将其图层的图层混合模式设为"柔光"，最终效果如图 9-91 所示，"图层"面板如图 9-92 所示。

图 9-86　设置图层混合模式

图 9-87　应用"颜色加深"效果

图 9-88　"变形文字"对话框

图 9-89　输入文字并设置

图 9-90　新增文字图层

图 9-91　最终效果图

图 9-92　"图层"面板

小结

　　本章主要介绍了 Photoshop CC 中滤镜应用的基础知识和一些常用的滤镜命令,通过对项目知识的学习,用户应了解和掌握 Photoshop CC 中滤镜的使用方法和技巧,并通过反复的实践学习,合理地搭配应用各种滤镜,创作出精美的图像效果。

习题

　　(1) 打开一幅图像文件如图 9-93 所示,练习使用本章所讲的滤镜命令对其进行操作,并观察其应用后的效果。

图 9-93　素材图

（2）制作燃烧字效果，效果如图 9-94 所示。

图 9-94　燃烧字效果图

（3）打开一幅图像文件，制作下雪效果，如图 9-95 所示。

图 9-95　制作下雪效果

第 10 章

打 印 输 出

当设计完成一幅作品后,总希望将图像输出为可以拿在手上观看或相互传阅的图像成品,下面我们介绍图像的打印输出。通过本项目的学习,用户应掌握如何将一幅完整的作品打印出来。

学习要点

1. 图像打印基础
2. 设置打印基本选项
3. 打印一份
4. 创建颜色陷印
5. 色彩管理与输出

学习任务

打印手机广告图像

10.1　图像打印基础

图像处理完成后,便可通过打印的方式将图像输出,其打印效果主要取决于打印机的档次和所用的纸张。

1. 打印之前的注意事项

在打印之前要着重检查以下几个方面内容。

(1) 图像的尺寸和分辨率。

(2) 图像的色彩模式。

(3) 纸张是否正面设置。

2. 打印尺寸

打印页面是一个标准尺寸,定义为英寸。打印机的驱动一般以英寸为默认标准,除非用户自选标准。为了确保图像按其原始尺寸在纸上打印出来,输入的分辨率应该包括扫描分辨率和打印分辨率,只有这样图像才会以实际尺寸打印出来。

TIF 和 JPEG 格式的文件可以将分辨率存储在文件中,以方便使用,GIF 格式的文件却不能存储分辨率。

3. 打印分辨率

下面举例说明分辨率。比如,有一张分辨率为 1200 像素的图像,如果想把它打印成 9

英寸的图像,则 1200 像素/9 英寸＝133dpi,所以要将图像的打印分辨率设定为 133dpi,同时这也意味着在扫描时最少要达到 133dpi 的分辨率才能保证图像的打印质量。其实,扫描时是不是用 133dpi(如 150dpi 等)并不重要,因为只要把打印机的打印分辨率设定为 133dpi,打印机就会以 133dpi 进行打印,打印出的照片就会是 9 英寸。

如果需要一台 100dpi 的打印机,那么 133dpi 就有点多余了,有些像素会被打印机清除掉,但打印结果还是 9 英寸,只是图像质量会有差别。如果用一台 180dpi 的打印机,那么 133dpi 的分辨率就不够了,图像会不够清晰,但尺寸仍是 9 英寸。

一般来说,如果要增加打印尺寸,可以使用两种方法:降低打印分辨率或增加图像像素。如果希望增加分辨率,可以用一个更大的图像,或者用较小的打印尺寸。图像越大意味着像素越多,有足够的像素对于大幅图像的打印非常重要。打印尺寸较大的图像在屏幕上将显示得非常大,要比一般尺寸大 2 至 3 倍。把一张 1200 像素的图像在 200dpi 下打印成 10 英寸,这在数字的运算上是行不通的。因为在 200dpi 下打印成 10 英寸的图像需要一张 200dpi×10 英寸＝2000 像素的图像。所以,一般要相应地在运算出的图像像素量上再加大一些,这样打印时会更容易达到预期效果。

决定图像质量的最主要因素是像素总量。当打印较大尺寸的图像时,扫描的分辨率大一些会更好。

扫描分辨率运算的基本公式是 dpi＝(打印图片宽度/原始图片宽度)×1 像素×1.5。

这是一种基本的准则,适用于任何地方。在要求较高的情况下,可以使用的公式是(打印图片宽度/原始图片宽度)×1 像素×2.0。如果扫描用途仅仅是为了屏幕显示或一般家用打印,可以使用的公式是(打印图片宽度/原始图片宽度)×1 像素×1 像素。

10.2　设置打印基本选项

选择"文件"→"打印"命令,弹出"打印"对话框,如图 10-1 所示。

图 10-1　"打印"对话框

"打印"对话框基本选项介绍如下。

- 打印机：在下拉列表中可以选择打印机。
- 份数：设置要打印的份数。
- 打印设置...：单击该按钮，可以打开一个属性对话框，如图 10-2 所示。在该对话框中可以设置纸张的方向、页面的打印顺序和打印份数。

图 10-2　"打印设置"属性对话框

- （纵向打印纸张）/（横向打印纸张）：将纸张方向设置为纵向或横向。
- 位置和大小：该选项组用于设置图像的打印区域和大小。
- 位置：勾选"居中"复选框，可以将图像定位于打印区域的中心，如图 10-3 所示；取消勾选"居中"复选框，可以在"顶"和"左"输入框中输入数值来定位图像，也可以在预览区域中移动图像进行自由定位，从而打印部分图像，如图 10-4 所示。

图 10-3　设置"居中"效果

图 10-4　取消勾选"居中"选项效果

- 缩放后的打印尺寸：如果勾选"缩放以适合介质"复选框，可以自动缩放图像到适合纸张的可打印区域，如图 10-5 所示；如果取消勾选"缩放以适合介质"复选框，可以在"缩放"选项中输入图像的缩放比例，或在"高度"和"宽度"选项中设置图像的尺寸，如图 10-6 所示。

图 10-5　勾选"缩放以适合介质"复选框效果

- 打印选定区域：勾选该复选框后，可以设置要打印的区域，如图 10-7 所示。

图 10-6　取消勾选"缩放以适合介质"复选框效果

图 10-7　勾选"打印选定区域"复选框并设置

10.3　打印一份

如果要用当前的打印设置将文件打印一份,可以执行"文件"→"打印一份"命令。

10.4　创建颜色陷印

"陷印"是一种叠印技术,它能够避免在印刷时由于稍微没有对齐而使打印图像出现小的缝隙。执行"图像"→"陷印"命令,弹出"陷印"对话框,如图 10-8 所示。其中"宽度"选项表示印刷时颜色向外扩张的距离。

图 10-8　"陷印"对话框

注意:只有图像的颜色模式为 CMYK 时,"陷印"命令才可以使用。

10.5　色彩管理与输出

在"打印"对话框中,可以对打印图像的色彩进行设置。另外,还可以对输出的打印标记和函数进行设置。

10.5.1　指定色彩管理

在"打印"对话框右侧展开"色彩管理"选项组,如图 10-9 所示。通过"色彩管理"选项组,可以对打印颜色进行设置。

图 10-9　"色彩管理"对话框

色彩管理选项介绍如下。

- 颜色处理:设置是否使用色彩管理。如果使用色彩管理,则需要确定将其应用在程序中还是打印设备中。

- 打印机配置文件：选择适用于打印机和将要使用的纸张类型的配置文件。
- 正常打印/印刷校样：在该下拉列表中选择"正常打印"选项，可以打印当前文档；选择"印刷校样"选项，可以打印印刷校样（印刷校样用于模拟当前文档在印刷机上的输出效果）。
- 渲染方法：指定颜色从图像色彩空间转换到打印机色彩空间的方式，共有"可感知""饱和度""相对比色""绝对比色"4 个选项。可感知渲染将尝试保留颜色之间的视觉关系，色域外颜色转变为可重现颜色时，色域内的颜色可能会发生变化。因此，如果图像的色域外颜色较多时，可感知渲染则是最理想的选择。相对比色渲染可以保留更多的原始颜色，是色域外颜色较少的最理想选择。
- 黑场补偿：通过模拟输出设备的全部动态范围保留图像中的阴影细节。

10.5.2　指定印前输出

如果要将图像直接从 Photoshop CC 进行商业印刷，可以在"打印"对话框右侧打开"打印标记"和"函数"选项组，然后指定页面标记和其他输出内容，如图 10-10 所示。

图 10-10　指定打印输出对话框

打印标记选项介绍如下。

- 角裁剪标志：要裁剪页面的位置打印裁剪标记，可以在角上打印裁剪标记。在 PostScript 打印机上选择该项也将打印星形色靶。

说明：打印在"编辑说明"对话框中输入的任何说明文本（最多约 3000 个字符）。单击"编辑"按钮可以打开"编辑说明"对话框，如图 10-11 所示。

图 10-11　"编辑说明"对话框

- 中心裁剪标志：在要裁剪页面的位置打印裁切标记，可以在每条边的中心打印裁切标记。
- 标签：在图像上方打印文件名，如果打印分色（青色（C）、黄色（Y）、洋红（M）、黑色（K）），则将分色名称作为标签的一部分进行打印。
- 套准标记：在图像上打印套准标记（包括靶心和星形靶）。这些标记主要用于对齐 PostScript 打印机上的分色。
- 药膜朝下：使文字在药膜朝下（即胶片或相纸上的感光层背对）时可读。在正常情况下，打印在纸上的图像是药膜朝上打印的，感光层正对时文字可读写。打印在胶片上的图像通常采用药膜朝下的方式打印。

函数选项介绍如下。

- 负片：打印整个输出（包括所有蒙版和任何背景色）的反相版本。
- 背景(K)...：选择要在页面上的图像区域外打印的背景色。
- 边界(B)...：在图像周围打印一个黑色边框。
- 出血...：在图像内而不是在图像外打印裁剪标记。

10.6　任务实现　打印手机广告图像

利用所学的知识打印手机广告图像，操作步骤如下。

（1）按 Ctrl＋O 组合键，打开一幅需要打印输出的作品，如图 10-12 所示。

图 10-12　打开的图像文件

（2）选择"文件"→"打印"命令，弹出"Photoshop 打印设置"对话框，在该对话框中设置相应选项组中的选项，如图 10-13 所示。

图 10-13　"Photoshop 打印设置"对话框

（3）设置完成后，直接单击"打印"按钮，可弹出"打印"对话框，如图 10-14 所示，在其中选择打印机并设置其他选项，完成后单击"确定"按钮，图像会立即被打印出来。

图 10-14　"打印"对话框

小结

本章介绍了 Photoshop CC 中图像打印设置和打印输出的方法。希望通过本章的学习，读者能够初步掌握在 Photoshop CC 中进行图像打印的相关技巧。

习题

在 Photoshop CC 中打开如图 10-15 所示的图像,并将它按自己的需要打印出来。

图 10-15   打印图像

参 考 文 献

[1] 郭玉红. 新编中文 Photoshop CS 综合应用教程[M]. 西安：西北工业大学出版社,2006.

[2] 杨聪. Photoshop 平面设计案例实训教程[M]. 北京：中国人民大学出版社,2009.

[3] 吴建平,王雪蓉,汪婵婵. Photoshop CS5 图形图像处理任务驱动式教程[M]. 北京：机械工业出版社,2012.

[4] 张燕丽,王刚. Photoshop CS5 基础与应用[M]. 上海：上海交通大学出版社,2012.

[5] 文杰书院. Photoshop CS5 图像处理基础教程[M]. 北京：清华大学出版社,2012.

[6] 曾俊蓉. 中文版 Photoshop CC 技术大全[M]. 北京：人民邮电出版社,2014.

[7] 周国建. Photoshop CS6 中文版基础教程[M]. 北京：人民邮电出版社,2013.

[8] 李美月. Photoshop CS5 平面设计教程[M]. 北京：人民邮电出版社,2015.

[9] 张凡. Photoshop CC 中文版基础与实例教程[M]. 北京：机械工业出版社,2014.

[10] 骆焦煌. Photoshop CS5 图像处理项目化教程[M]. 北京：清华大学出版社,2013.